Prof. Dr. Carlos Henrique Costa Guimarães
Chefe do Departamento de Engenharia Elétrica
Escola de Engenharia - Universidade Federal Fluminense

SISTEMAS ELÉTRICOS DE POTÊNCIA
e seus principais componentes

Sistemas Elétricos de Potência e seus Principais Componentes
Copyright© Editora Ciência Moderna Ltda., 2014

Todos os direitos para a língua portuguesa reservados pela EDITORA CIÊNCIA MODERNA LTDA.
De acordo com a Lei 9.610, de 19/2/1998, nenhuma parte deste livro poderá ser reproduzida, transmitida e gravada, por qualquer meio eletrônico, mecânico, por fotocópia e outros, sem a prévia autorização, por escrito, da Editora.

Editor: Paulo André P. Marques
Produção Editorial: Aline Vieira Marques
Assistente Editorial: Amanda Lima da Costa
Capa: Carlos Arthur Candal
Diagramação: Tatiana Neves
Copidesque: Dilene Sandes Pessanha

Várias **Marcas Registradas** aparecem no decorrer deste livro. Mais do que simplesmente listar esses nomes e informar quem possui seus direitos de exploração, ou ainda imprimir os logotipos das mesmas, o editor declara estar utilizando tais nomes apenas para fins editoriais, em benefício exclusivo do dono da Marca Registrada, sem intenção de infringir as regras de sua utilização. Qualquer semelhança em nomes próprios e acontecimentos será mera coincidência.

FICHA CATALOGRÁFICA

GUIMARÃES, Carlos Henrique Costa.

Sistemas Elétricos de Potência e seus Principais Componentes

Rio de Janeiro: Editora Ciência Moderna Ltda., 2014.

1. Engenharia Elétrica 2. Eletricidade
I — Título

ISBN: 978-85-399-0550-8

CDD 621.3
537

Editora Ciência Moderna Ltda.
R. Alice Figueiredo, 46 – Riachuelo
Rio de Janeiro, RJ – Brasil   CEP: 20.950-150
Tel: (21) 2201-6662/ Fax: (21) 2201-6896
E-MAIL: LCM@LCM.COM.BR
WWW.LCM.COM.BR

06/14

Prefácio

Esta obra está direcionada para engenheiros eletricistas e estudantes dos cursos de graduação e pós-graduação em engenharia elétrica, com ênfase em Sistemas Elétricos de Potência. São abordados os conceitos básicos sobre algumas leis da física que envolvem os fenômenos da natureza relacionados com a eletricidade, bem como os respectivos equacionamentos. As leis de Ohm e Kirchhoff são utilizadas com bastante frequência no desenvolvimento de diversas equações apresentadas neste trabalho. É abordada a solução de redes elétricas de alta tensão em regime permanente, assim como são apresentados os modelos matemáticos de seus principais componentes. O problema de fluxo de potência em redes de alta tensão é tratado com bastante detalhe para uma fácil compreensão por parte do leitor. O trabalho de encontrar a solução da rede elétrica em regime permanente faz parte do cotidiano dos engenheiros eletricistas que trabalham no planejamento da expansão e da operação de um sistema elétrico. Portanto, é de suma importância que esses profissionais dominem a filosofia e os critérios que envolvem esse problema. O problema de fluxo de potência serve de base para vários outros, como por exemplo, o da determinação das condições iniciais para análise do desempenho dinâmico de um sistema elétrico de potência; para a análise das contingências que ocorrem na rede elétrica; para a otimização das condições operativas, etc. Acreditamos que essa obra irá contribuir bastante no aprendizado dos alunos e profissionais da área de sistemas de energia elétrica de grande porte. Os principais componentes de um sistema elétrico são apresentados para que o leitor tenha um conhecimento básico dos fenômenos físicos que os envolvem, e através da modelagem matemática por equações algébricas e/ou diferenciais torna-se possível a compreensão e a solução de problemas onde esses componentes são empregados. Então, a análise e o projeto desses componentes podem ser realizados com segurança, fidelidade e economia.

C.H.C.G.

Difícil é o que não sabemos fazer ou resolver,
pois quando aprendemos, deixa de ser.

Sobre o autor

Possui graduação em Engenharia Elétrica pela UFF – Universidade Federal Fluminense (1975), mestrado (1980) e doutorado (2003) em Engenharia Elétrica, ambos pela COPPE/UFRJ – Instituto Alberto Luiz Coimbra de Pós-Graduação e Pesquisa de Engenharia da Universidade Federal do Rio de Janeiro. Trabalhou como engenheiro da Light – Serviços de Eletricidade S.A. por 10 anos (1975 a 1985), como pesquisador do Centro de Pesquisas de Energia Elétrica – CEPEL –, empresa do Grupo Eletrobras, por 15 anos (1985 a 2000) e como consultor do Operador Nacional do Sistema Elétrico – ONS, por 6 anos (2000 a 2006). É Professor da Universidade Federal Fluminense desde 1979, atualmente é Professor Associado 4 do Departamento de Engenharia Elétrica. Tem experiência na área de Engenharia Elétrica, com ênfase em Sistemas Elétricos de Potência, atuando principalmente nas seguintes áreas: simulação estática e dinâmica de sistemas elétricos de potência, modelagem de seus componentes, automação e controle de sistemas de potência e estabilidade de sistemas elétricos em curto, médio e longo termo. Atualmente também ocupa a função de Chefe do Departamento de Engenharia Elétrica da Escola de Engenharia da Universidade Federal Fluminense.

Sumário

Índice de Figuras .... **XI**

Capítulo 1
Fluxo de Potência em Redes Elétricas de Alta Tensão **1**

1.1 Análise Nodal de uma Rede Elétrica 2
    1.1.1 Formulação do Problema 4
        1.1.1.1 Cálculo do Fluxo de Potência em um Ramo 5
        1.1.1.2 Cálculo do Fluxo de Potência na Rede Elétrica 11
1.2 Solução do Problema pelo Método de Newton-Raphson 16
1.3 Exemplo de Cálculo de Fluxo de Potência 24

Capítulo 2
Modelos de Linhas de Transmissão **29**

2.1 Cálculo dos Parâmetros Concentrados 29
2.2 Campos nas Imediações de Linhas Aéras de Transmissão 38
    2.2.1 Campo Elétrico 39
    2.2.2 Campo Magnético 56

Capítulo 3
Modelos de Transformadores **79**

3.1 Transformadores com Dispositivos de Comutação Automática 83

Sistemas Elétricos de Potência e seus Principais Componentes

Capítulo 4
Modelos de Carga **89**

Capítulo 5
Modelos de Geradores Síncronos **99**

5.1 Modelo Clássico de Gerador 104
5.2 Modelo de Gerador de Polos Salientes 104
5.3 Modelo de Gerador de Rotor Cilíndrico 110
5.4 Diagramas Operacionais 118
   5.4.1 Diagrama de Capacidade 118
      5.4.1.1 Limite Térmico do Estator 124
      5.4.1.2 Limite Térmico do Rotor 124
      5.4.1.3 Limite de Estabilidade 125
      5.4.1.4 Limite de Mínima Excitação 127
      5.4.1.5 Limite da Turbina 127
      5.4.1.6 Influência da Tensão na Capacidade 127
      5.4.1.7 Influência da Variação da Saturação na Capacidade 128
      5.4.1.8 Comparação da Capacidade de Modelos de Geradores 130
   5.4.2 Curvas de Excitação 130
      5.4.2.1 Curvas de Excitação para Carga Tipo P Constante 132
      5.4.2.2 Curvas de Excitação para Carga Tipo I Constante 135
      5.4.2.3 Curvas de Excitação para Carga Tipo Z Constante 138
   5.4.3 Curvas V 142
   5.4.4 Cálculo do Número de Unidades Geradoras 143
   5.4.5 Cálculo Aproximado do Impacto Torcional 144
5.5 Compensadores Síncronos 146

Capítulo 6
Modelos de Compensadores Estáticos **147**

Sumário | IX

Capítulo 7
Modelos de Compensadores Série **157**

Capítulo 8
Método de Newton-Raphson **161**

Referências Bibliográficas **165**

Anexos **167**

A.1 – Código para o Cálculo do Fluxo de Potência 167
A.2 – Código para o Cálculo do Campo Elétrico 185
A.3 – Código para o Cálculo do Campo Magnético 192
A.4 – Código para o Cálculo dos Fatores de Correção 196

Índice de Figuras

Figura 1.1 – Sistema exemplo 3

Figura 1.2 – Modelo π equivalente 4

Figura 1.3 – Potências aparentes em um ramo 5

Figura 1.4 – Ligações de um nó 12

Figura 1.5 – Sistema elétrico exemplo 24

Figura 2.1 – Modelo de linha de transmissão com parâmetros distribuídos 29

Figura 2.2 – Modelo elementar de uma linha de transmissão 30

Figura 2.3 – Modelo π equivalente de uma LT 35

Figura 2.4 – Modelo T equivalente de uma LT 38

Figura 2.5 – Carga dos condutores e suas imagens 41

Figura 2.6 – Cálculo do campo elétrico no solo 43

Figura 2.7 – Posicionamento dos condutores para a configuração 1 44

Figura 2.8 – Campo elétrico no nível do solo para a configuração 1 45

Figura 2.9 – Linhas de campo elétrico para a configuração 1 46

Figura 2.10 – Linhas de potencial para a configuração 1 46

Figura 2.11 – Superfície de campo elétrico para a configuração 1 47

Figura 2.12 – Superfície de potencial para a configuração 1 47

Figura 2.13 – Posicionamento dos condutores para a configuração 2 48

Figura 2.14 – Campo elétrico no nível do solo para a configuração 2 49

Figura 2.15 – Linhas de campo elétrico para a configuração 2 50

Figura 2.16 – Linhas de potencial para a configuração 2 50

Figura 2.17 – Superfície de campo elétrico para a configuração 2 51

Figura 2.18 – Superfície de potencial para a configuração 2 51

Figura 2.19 – Carga dos condutores e suas imagens com o prédio como terra .. 52

Figura 2.20 – Campo elétrico na parede do prédio para a configuração 1 53

Figura 2.21 – Potencial na parede do prédio para a configuração 1 53

Figura 2.22 – Sistema de coordenadas para o cálculo do campo magnético 56

Figura 2.23 – Posicionamento dos condutores para a configuração 1 59

Figura 2.24 – Campo magnético no nível do solo para a configuração 1 60

Figura 2.25 – Linhas de campo magnético para a configuração 1 60

Figura 2.26 – Superfície de campo magnético para a configuração 1 61

Figura 2.27 – Posicionamento dos condutores para a configuração 2 62

Figura 2.28 – Campo magnético no nível do solo para a configuração 2 63

Figura 2.29 – Linhas de campo magnético para a configuração 2 63

Figura 2.30 – Superfície de campo magnético para a configuração 2 64

Figura 2.31 – Condutor acima da superfície da Terra 64

Figura 2.32 – 2 Condutores acima da superfície da Terra 66

Figura 2.33 – Posição dos condutores acima da superfície da Terra 68

Figura 2.34 – Distribuição de corrente no interior de um condutor 68

Figura 2.35 – Cabo formado por 7 fios 70

Figura 2.36 – Fator de correção da resistência 75

Figura 2.37 – Fator de correção da indutância 75

Figura 2.38 – Fator de correção da resistência 76

Figura 2.39 – Fator de correção da indutância 76

Figura 3.1 – Modelo de transformador 79

Figura 3.2 – Modelo π equivalente 81

Figura 3.3 – Modelo π equivalente em função de y_{ik} e a 81

Figura 3.4 – Modelo de transformador defasador 82

Figura 3.5 – Diagrama de um controlador para comutação em carga 84

Figura 3.6 – Curva típica P x V 85

Figura 3.7 – Representação de um transformador com dispositivo OLTC 86

Figura 3.8 – Operação do OLTC na condição b) 88

Figura 3.9 – Operação do OLTC na condição c) 88

Figura 4.1 – Curva de carga do dia 10/04/2001 90

Figura 4.2 – Modelo ZIP de carga 91

Figura 4.3 – Modelo ZIP modificado de carga 96

Figura 4.4 – Modelo ZIP combinado para a carga ativa e reativa 97

Figura 5.1 – Princípio de funcionamento de um gerador elétrico 99

Figura 5.2 – Peças do sistema de iluminação de uma bicicleta 100

Figura 5.3 – Esquemático do dínamo de uma bicicleta 100

Figura 5.4 – Partes de um dínamo simples 101

Figura 5.5 – Conexão do dínamo de uma bicicleta ao pneu 101

Figura 5.6 – Gerador conectado em uma carga elétrica 102

Figura 5.7 – Diagrama esquemático das partes de um gerador 103

Figura 5.8 – Circuito do modelo clássico de gerador 104

Figura 5.9 – Componentes de uma usina hidrelétrica 105

Figura 5.10 – Diagrama para as equações de oscilação eletromecânica 106

Figura 5.11 – Diagrama para as equações elétricas do eixo direto 108

Figura 5.12 – Diagrama para as equações elétricas do eixo em quadratura 109

Figura 5.13 – Diagrama esquemático de uma usina termelétrica a vapor 111

Figura 5.14 – Rotor cilíndrico de um gerador 112

Figura 5.15 – Diagrama para as equações de oscilação eletromecânica 113

Figura 5.16 – Diagrama para as equações elétricas do eixo direto 114

Figura 5.17 – Diagrama para as equações elétricas do eixo em quadratura 115

Figura 5.18 – Turbina a gás 117

Figura 5.19 – Diagrama esquemático de uma usina térmica a ciclo combinado 118

Figura 5.20 – Diagrama de capacidade típico de um gerador 119

Figura 5.21 – Carga nominal alimentada por um gerador 120

Figura 5.22 – Diagrama fasorial para carga indutiva 120

Figura 5.23 – Diagrama em potência 121

XIV | Sistemas Elétricos de Potência e seus Principais Componentes

Figura 5.24 – Diagrama fasorial para carga capacitiva 122

Figura 5.25 – Limites térmicos do estator e do rotor 123

Figura 5.26 – Limites de estabilidade 126

Figura 5.27 – Influência da tensão (polos salientes) 128

Figura 5.28 – Influência da tensão (rotor cilíndrico) 128

Figura 5.29 – Influência da variação da saturação (polos salientes) 129

Figura 5.30 – Influência da variação da saturação (rotor cilíndrico) 129

Figura 5.31 – Capacidade de geradores (polos salientes versus rotor cilíndrico) 130

Figura 5.32 – Curva de saturação em vazio 131

Figura 5.33 – Tensão de excitação (P = Cte e FP nominal) 132

Figura 5.34 – Corrente de excitação (P = Cte e FP nominal) 133

Figura 5.35 – Tensão de excitação (P = Cte e FP unitário) 133

Figura 5.36 – Corrente de excitação (P = Cte e FP unitário) 134

Figura 5.37 – Tensão de excitação (P = Cte e FP nulo) 134

Figura 5.38 – Corrente de excitação (P = Cte e FP nulo) 135

Figura 5.39 – Tensão de excitação (I = Cte e FP nominal) 136

Figura 5.40 – Corrente de excitação (I = Cte e FP nominal) 136

Figura 5.41 – Tensão de excitação (I = Cte e FP unitário) 137

Figura 5.42 – Corrente de excitação (I = Cte e FP unitário) 137

Figura 5.43 – Tensão de excitação (I = Cte e FP nulo) 138

Figura 5.44 – Corrente de excitação (I = Cte e FP nulo) 138

Figura 5.45 – Tensão de excitação (Z = Cte e FP nominal) 139

Figura 5.46 – Corrente de excitação (Z = Cte e FP nominal) 139

Figura 5.47 – Tensão de excitação (Z = Cte e FP unitário) 140

Figura 5.48 – Corrente de excitação (Z = Cte e FP unitário) 140

Figura 5.49 – Tensão de excitação (Z = Cte e FP nulo) 141

Figura 5.50 – Corrente de excitação (Z = Cte e FP nulo) 141

Figura 5.51 – Curvas V (polos salientes) 142

Figura 5.52 – Curvas V (rotor cilíndrico) 143

Figura 5.53 – Diagrama para o cálculo do número de unidades 144

Figura 5.54 – Diagrama unifilar 145

Figura 5.55 – Diagrama fasorial 145

Figura 6.1 – Modelo simplificado de um SVC 147

Figura 6.2 – Características equivalentes de um TCR 148

Figura 6.3 – Tensão e corrente no TCR 149

Figura 6.4 – Corrente no TCR 150

Figura 6.5 – Corrente filtrada no TCR 150

Figura 6.6 – Características de um SVC 151

Figura 6.7 – Características operativas de um SVC 152

Figura 6.8 – Características impostas pelo sistema elétrico 152

Figura 6.9 – Características de um SVC com mais de um estágio 154

Figura 6.10 – SVC com TCR de 6 pulsos 155

Figura 6.11 – SVC com TCR de 12 pulsos 155

Figura 6.12 – Modelo de Controle de um SVC 156

Figura 7.1 – Conexão de um TCSC 158

Figura 7.2 – Modelo de Controle de um TCSC 158

Figura 8.1 – Evolução da solução de um sistema não linear 163

Capítulo 1
Fluxo de Potência em Redes Elétricas de Alta Tensão

A solução do problema de fluxo de potência em redes elétricas em alta tensão, também conhecido como fluxo de carga ou *Loadflow,* serve como base para diversos tipos de estudo de análise de redes elétricas em regime permanente. Na rede de alta tensão o fator de desequilíbrio das fases é bem pequeno e pode ser desprezado. Portanto, o objetivo do problema é resolver a rede elétrica trifásica equilibrada sob determinadas condições de operação. A solução desse problema é obtida tomando como conhecidos os parâmetros da rede, as potências ativas geradas nas usinas (despacho de potência ativa) e as cargas (consumo). Com isso, os fasores de tensão (módulo e ângulo) podem ser determinados. Sabendo-se os fasores de tensão, todas as outras variáveis de interesse da rede elétrica podem ser encontradas. Por esse motivo é que são chamadas de variáveis de estado. Como variáveis principais de interesse podemos citar os fluxos de potência ativa e reativa em cada ramo da rede e as potências reativas geradas nas usinas (despacho de potência reativa). Como foi feita a premissa da rede elétrica estar equilibrada, as tensões e os fluxos calculados são referentes a uma das fases apenas, pois os das outras fases possuem o mesmo módulo e são defasados de $\pm120°$ em relação aos da fase utilizada no cálculo.

O fluxo de potência em redes elétricas de alta tensão serve principalmente para os engenheiros de planejamento estudar as diversas alternativas de expansão do sistema elétrico no futuro, pois, com o aumento da demanda de energia elétrica associada ao seu crescimento, ampliações e reforços serão necessários. Dentre as alternativas de expansão podemos citar a construção de novas linhas de transmissão, usinas, subestações, etc., que devem ter suas obras iniciadas com antecedência suficiente para que as mesmas sejam concluídas em tempo hábil para o atendimento da demanda futura de energia elétrica.

O fluxo de potência em redes de alta tensão serve também como base para os engenheiros de planejamento da operação encontrar condições de despacho de potência nas usinas geradoras de energia elétrica para atendimento da demanda em situação de emergência, sem que sejam violadas as condições operativas do sistema, para garantir tanto a sua segurança como a qualidade do serviço prestado. Nas condições de operação

2 | Sistemas Elétricos de Potência e seus Principais Componentes

em contingências, os engenheiros fazem estudos com a finalidade de elaborar as instruções de operação (IO), que são tabelas que auxiliam os operadores na tomada de decisão para cada contingência. Estas instruções operativas têm que estar sempre sendo revisadas, pois podem mudar em função de possível modificação na topologia da rede devido à sua expansão.

A determinação das condições iniciais de operação da rede elétrica, visando os estudos do comportamento dinâmico dos sistemas elétricos de potência, também é feita com a solução do problema de fluxo de potência. Esses estudos devem ser realizados para avaliar se os seus sistemas automáticos de controle estão bem ajustados, de forma a garantir a operação do sistema elétrico em regime dinâmico seguro. As ações automáticas de controle são ajustadas para evitar possíveis colapsos no suprimento de energia elétrica, que podem até evoluir para os indesejáveis *blackouts*, que são chamados popularmente de apagões.

1.1 Análise Nodal de uma Rede Elétrica

O problema de fluxo de carga em redes elétricas de alta tensão pode ser formulado de várias maneiras, porém a mais utilizada pelos programas computacionais comerciais é a que utiliza a formulação nodal, na qual o equacionamento é feito através da lei de Kirchhoff dos nós, que diz que o somatório das correntes em um nó é igual a zero. Esta formulação é a mais utilizada por ter inúmeras vantagens sobre as outras, onde podemos citar o menor tempo de solução e os menores requisitos de memória, pois utiliza a matriz de admitância nodal, que normalmente é bastante esparsa e simétrica. Com isso, é necessário apenas o armazenamento dos elementos não nulos acima da sua diagonal, além dos próprios elementos da diagonal. É importante observarmos que para representação de grandes sistemas elétricos (acima de 1000 barras), só se torna apenas viável a aplicação de métodos que utilizem a matriz de admitância nodal para o cálculo do fluxo de potência, pois os que utilizam a matriz de impedância nodal (inversa da matriz de admitância nodal) são inviáveis, pelo fato dessa matriz ser totalmente cheia, isto é, sem elementos nulos, e o seu armazenamento ser impraticável. Vamos considerar, por exemplo, um sistema elétrico com 1000 barras. O armazenamento completo da matriz de impedância exige 8.000.000 bytes (1000 x 1000 elementos x 8 bytes requeridos por uma variável complexa em precisão simples), enquanto que o armazenamento da matriz de admitância nodal (esparsa) exige 8.000 bytes para armazenar os elementos da diagonal e mais 16.000 bytes para os elementos não nulos acima da diagonal. Normalmente se considera um fator multiplicador de 1.6 a 2 do número de barras para determinação do número máximo de elementos não nulos acima da diagonal. Portanto, encontramos um total de 24.000 bytes para armazenamento da matriz de admitância nodal contra os 8.000.000 bytes da matriz de impedância nodal. Quando muito se pode aproveitar o fato dessa matriz de impedância ser simétrica, reduzindo a um pouco mais da metade a área requerida para o seu armazenamento. Para facilitar a determinação da matriz de admitância nodal, vamos considerar o sistema elétrico representado na Figura 1.1.

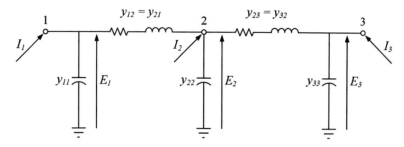

Figura 1.1 – Sistema exemplo

A matriz de admitância primitiva, que representa a configuração da rede elétrica é representada por:

$$y_P = \begin{bmatrix} y_{11} & y_{12} & 0 \\ y_{12} & y_{11} & y_{23} \\ 0 & y_{23} & y_{33} \end{bmatrix}$$

Utilizando as leis de Kirchhoff e Ohm podemos escrever as equações dos somatórios de corrente em cada nó, como segue:

$$I_1 = E_1 y_{11} + (E_1 - E_2) y_{12}$$
$$I_2 = E_2 y_{22} + (E_2 - E_1) y_{12} + (E_2 - E_3) y_{23}$$
$$I_3 = E_3 y_{33} + (E_3 - E_2) y_{23}$$

Agrupando os termos das tensões, e reescrevendo as equações dos somatórios de corrente em cada nó, temos:

$$I_1 = (y_{11} + y_{12}) E_1 - y_{12} E_2$$
$$I_2 = (y_{22} + y_{12} + y_{23}) E_2 - y_{12} E_1 - y_{23} E_3$$
$$I_3 = (y_{33} + y_{23}) E_3 - y_{23} E_2$$

Em notação matricial as equações das correntes injetadas em cada nó podem ser escritas como:

$$\begin{bmatrix} I_1 \\ I_2 \\ I_3 \end{bmatrix} = \begin{bmatrix} y_{11}+y_{12} & -y_{12} & 0 \\ -y_{12} & y_{22}+y_{12}+y_{23} & -y_{23} \\ 0 & -y_{23} & y_{33}+y_{23} \end{bmatrix} \begin{bmatrix} E_1 \\ E_2 \\ E_3 \end{bmatrix}$$

ou:

$$I = Y_{bus} E$$

Onde:

I – vetor de correntes injetadas em cada nó
Y_{bus} – matriz de admitâncias nodal
E – vetor de tensões de cada nó

Por inspeção podemos notar que cada elemento da diagonal da matriz Y_{bus} é formado pela soma de todas as admitâncias conectadas no respectivo nó, ou pela soma dos elementos da respectiva linha da matriz Y_p. Os elementos de fora da diagonal são iguais aos respectivos elementos da matriz Y_p com o sinal trocado.

1.1.1 Formulação do Problema

Para começarmos a solucionar o problema vamos considerar que os ramos de uma rede elétrica (linha de transmissão ou transformador) sempre podem ser representados por um modelo matemático conhecido como "π equivalente", mostrado na Figura 1.2.

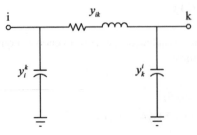

Figura 1.2 – Modelo π equivalente

Na Figura 1.2, y_{ik} é o parâmetro longitudinal que conecta o nó i ao nó k; y_i^k e y_k^i são os parâmetros transversais que conectam os nós i e k à terra, respectivamente.

É fácil verificar que para obter a solução da rede é necessário apenas determinar as tensões (módulo e ângulo) de todos os nós da rede, pois desta forma, podemos determinar os fluxos em todos os ramos e consequentemente todas as outras variáveis do sistema.

1.1.1.1 Cálculo do Fluxo de Potência em um Ramo

As equações a seguir são deduzidas com base na Figura 1.3, que mostra as potências aparentes que fluem em um ramo (linha de transmissão ou transformador). Vamos supor que são conhecidas as tensões E_i e E_k dos respectivos nós i e k.

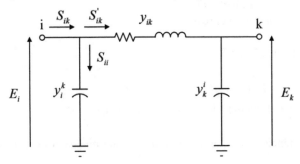

Figura 1.3 – Potências aparentes em um ramo

Pela lei de Kirchhoff, temos:

$$S_{ik} = S'_{ik} + S_{ii}$$

Como sabemos que $S = EI^*$, temos:

$$S'_{ik} = E_i (I'_{ik})^* = E_i[(E_i - E_k) y_{ik}]^* = E_i (E_i - E_k)^* y_{ik}^* = E_i (E_i^* - E_k^*) y_{ik}^* =$$
$$= |E_i|^2 y_{ik}^* - E_i E_k^* y_{ik}^* = V_i^2 y_{ik}^* - E_i E_k^* y_{ik}^*$$
$$S_{ii} = E_i I_{ii}^* = E_i (E_i y_i^k)^* = E_i E_i^* y_i^{k*} = |E_i|^2 y_i^{k*} = V_i^2 y_i^{k*}$$
$$S_{ik} = V_i^2 y_{ik}^* + V_i^2 y_i^{k*} - E_i E_k^* y_{ik}^*,$$

onde $V_i = |E_i|$

O asterisco no índice superior das variáveis indica o conjugado das mesmas.

Vamos considerar a forma polar para as tensões $E = V \llcorner \theta$ e a forma retangular para a potência aparente ($S = P + jQ$) e para as admitâncias ($y = g + j\,b$).

Onde:

E – tensão (variável complexa)
V – módulo da tensão (variável real)
θ – ângulo da tensão (variável real)
S – potência aparente (variável complexa)
P – potência ativa (variável real)
Q – potência reativa (variável real)
Y – admitância (variável complexa)
g – condutância (variável real)
b – susceptância (variável real)

Com isto, a equação de S_{ik} torna-se:

$$S_{ik} = P_{ik} + jQ_{ik} = V_i^2\,(g_{ik} - jb_{ik}) + V_i^2\,(g_i^k - jb_i^k) -$$
$$(V_i\cos\theta_i + jV_i\,\mathrm{sen}\theta_i)\ (V_k\cos\theta_k - jV_k\,\mathrm{sen}\theta_k)\,(g_i^k - jb_i^k)$$

Então, a potência ativa que flui no ramo é determinada através da parte real da expressão de S_{ik}:

$$P_{ik} = V_i^2\,g_i^k + V_i^2\,g_{ik} - V_i V_k g_{ik}\cos\theta_i\cos\theta_k + V_i V_k b_{ik}\,\mathrm{sen}\theta_i\,\mathrm{sen}\theta_k -$$
$$V_i V_k b_{ik}\,\mathrm{sen}\theta_i\cos\theta_k - V_i V_k g_{ik}\,\mathrm{sen}\theta_i\,\mathrm{sen}\theta_k$$

Sabendo-se que:

$$\mathrm{sen}\,(\theta_i \pm \theta_k) = \mathrm{sen}\theta_i\cos\theta_k \pm \mathrm{sen}\theta_k\cos\theta_i$$
$$\cos\,(\theta_i \pm \theta_k) = \cos\theta_i\cos\theta_k \mp \mathrm{sen}\theta_i\,\mathrm{sen}\theta_k$$

Então, a equação de P_{ik} fica:

$$P_{ik} = V_i^2\,(g_i^k + g_{ik}) - V_i V_k g_{ik}\cos\,(\theta_i - \theta_k) - V_i V_k b_{ik}\,\mathrm{sen}\,(\theta_i - \theta_k)$$

Fazendo-se $\theta_{ik} = \theta_i - \theta_k$, temos:

$$P_{ik} = V_i^2 (g_i^k + g_{ik}) - V_i V_k (g_{ik} \cos\theta_{ik} + b_{ik} \operatorname{sen}\theta_{ik}) \qquad (1.1)$$

A equação (1.1) transforma-se em $P_{ik} \approx \dfrac{V_i V_k}{x_{ik}} \operatorname{sen}\theta_{ik}$, com $x_{ik} = -\dfrac{1}{b_{ik}}$, se forem desprezados os efeitos representados pelas condutâncias. Essa expressão é bastante utilizada quando se quer fazer uma análise simplificada da relação entre a potência ativa com a diferença angular dos fasores de tensão das extremidades do circuito. Podemos também observar que existe uma potência máxima que o circuito pode transmitir de um terminal para o outro, dada por $\dfrac{V_i V_k}{x_{ik}}$, quando a diferença entre as fases dos seus terminais é de 90°. Quando se quer aumentar essa potência máxima é comum se acoplar bancos de capacitores em série com o circuito de transmissão. Deve-se tomar o cuidado com essa compensação reativa no sentido de não ultrapassar o limite térmico dos condutores de forma a preservar a integridade física dos mesmos.

O cálculo da perda de potência ativa no ramo é realizado através da soma do fluxo de potência ativa no sentido inverso (P_{ki}) com P_{ik}. Para calcularmos P_{ki}, basta trocarmos na equação (1.1) os índices i com k, obtendo:

$$P_{ik} = V_k^2 (g_k^i + g_{ki}) - V_k V_i (g_{ki} \cos\theta_{ki} + b_{ki} \operatorname{sen}\theta_{ki})$$

Como $\theta_{ik} = -\theta_{ki}$, temos:

$$\cos\theta_{ik} = \cos\theta_{ki}$$
$$\operatorname{sen}\theta_{ik} = -\operatorname{sen}\theta_{ki}$$

Então:

$$P_{ki} = V_k^2 (g_k^i + g_{ki}) - V_k V_i (g_{ki} \cos\theta_{ik} + b_{ki} \operatorname{sen}\theta_{ik})$$

O cálculo da perda ativa é dado por:

$$P_{ik} + P_{ki} = V_i^2\left(g_i^k + g_{ik}\right) - V_i V_k\left(g_{ik}\cos\theta_{ik} + b_{ik}\,\mathrm{sen}\,\theta_{ik}\right) + V_k^2\left(g_k^i + g_{ki}\right) - V_i V_k\left(g_{ki}\cos\theta_{ik} - b_{ki}\,\mathrm{sen}\,\theta_{ik}\right)$$

Se o ramo for uma linha de transmissão, temos:

$$g_i^k = g_k^i \cong 0$$
$$g_{ik} = g_{ki}$$
$$b_i^k = b_k^i$$
$$b_{ik} = b_{ki}$$

Onde:

g_i^k – representa as perdas por condutância direta para a terra nas cadeias de isoladores e também as perdas por efeito corona;

g_{ik} – representa a condutância dos cabos utilizados na linha;

b_i^k – representa o efeito capacitivo da linha;

b_{ik} – representa o efeito eletromagnético gerado pela linha.

Então a expressão da perda ativa na linha de transmissão passa a ser:

$$P_{ik} + P_{ki} = V_i^2\left(g_i^k + g_{ik}\right) - V_i V_k\left(g_{ik}\cos\theta_{ik} + b_{ik}\,\mathrm{sen}\,\theta_{ik}\right) + V_k^2\left(g_i^k + g_{ik}\right) -$$
$$V_i V_k\left(g_{ik}\cos\theta_{ik} - b_{iki}\,\mathrm{sen}\,\theta_{ik}\right) = \left(V_i^2 + V_k^2\right)\left(g_i^k + g_{ik}\right) - 2\,V_i V_k g_{ik}\cos\theta_{ik}$$

Perda ativa na LT $= \left(V_i^2 + V_k^2\right)\left(g_i^k + g_{ik}\right) - 2\,V_i V_k g_{ik}\cos\theta_{ik}$

A perda ativa na LT é sempre positiva, pois numa LT sempre há dissipação de energia, representada por suas resistências. Matematicamente podemos demonstrar este fato.

Por hipótese, vamos considerar que a perda de potência ativa na LT é maior que zero e provaremos que isto realmente é verdade.

Perda ativa na LT $= \left(V_i^2 + V_k^2\right)\left(g_i^k + g_{ik}\right) - 2\,V_i V_k g_{ik}\,\cos\theta_{ik} > 0$

Ou, então:

$$\left(V_i^2 + V_k^2\right)\left(g_i^k + g_{ik}\right) > 2\,V_i V_k g_{ik}\cos\theta_{ik}$$

Dividindo por g_{ik}, temos:

$$\left(V_i^2 + V_k^2\right)\left(1 + \frac{g_i^k}{g_{ik}}\right) > 2\,V_i V_k \cos\theta_{ik}$$

Como a parcela $\left(1 + \dfrac{g_i^k}{g_{ik}}\right)$ é maior que 1 e o $\cos\theta_{ik}$ é menor que 1, fazendo-os iguais a 1, estaremos sendo pessimistas, isto é, estaremos piorando a premissa feita anteriormente, pois estaremos diminuindo o valor do primeiro membro da inequação e aumentando o valor do segundo. Feito isso podemos obter as seguintes relações:

$$V_i^2 + V_k^2 > 2\,V_i V_k$$
$$V_i^2 + V_k^2 - 2\,V_i V_k > 0$$
$$\left(V_i - V_k\right)^2 > 0 \qquad \text{; como queríamos demonstrar.}$$

O cálculo da potência reativa que flui no ramo é feito com a parte imaginária da expressão de S_{ik}, como segue:

$$Q_{ik} = -V_i^2 b_i^k - V_i^2 b_{ik} + V_i V_k b_{ik}\cos\theta_i\cos\theta_k + V_i V_k g_{ik}\cos\theta_i\,\mathrm{sen}\,\theta_k -$$
$$- V_i V_k g_{ik}\,\mathrm{sen}\,\theta_i\cos\theta_k + V_i V_k b_{ik}\,\mathrm{sen}\,\theta_i\,\mathrm{sen}\,\theta_k$$
$$Q_{ik} = -V_i^2\left(b_i^k + b_{ik}\right) - V_i V_k g_{ik}\,\mathrm{sen}(\theta_i - \theta_k) + V_i V_k b_{ik}\cos(\theta_i - \theta_k)$$
$$Q_{ik} = -V_i^2\left(b_i^k + b_{ik}\right) - V_i V_k\left(g_{ik}\,\mathrm{sen}\,\theta_{ik} - b_{ik}\cos\theta_{ik}\right) \qquad (1.2)$$

Do mesmo modo que calculamos a perda de potência ativa em um ramo, podemos calcular a perda de potência reativa, obtendo a expressão do fluxo de potência reativa no sentido inverso (Q_{ki}) e somando-o com Q_{ik}:

$$Q_{ki} = -V_k^2 \left(b_k^i + b_{ki} \right) - V_k V_i \left(g_{ki} \text{sen} \, \theta_{ki} - b_{ki} \cos \theta_{ki} \right)$$

Lembrando novamente que $\theta_{ik} = -\theta_{ik}$ então:

$$\cos \theta_{ik} = \cos \theta_{ki}$$
$$\text{sen} \, \theta_{ik} = - \, \text{sen} \, \theta_{ki}$$

Então:

$$Q_{ki} = -V_k^2 \left(b_k^i + b_{ki} \right) - V_i V_k \left(- g_{ki} \text{sen} \, \theta_{ik} - b_{ki} \cos \theta_{ik} \right)$$
$$Q_{ik} + Q_{ki} = -V_i^2 \left(b_i^k + b_{ik} \right) - V_i V_k \left(g_{ik} \text{sen} \, \theta_{ik} - b_{ik} \cos \theta_{ik} \right) - V_k^2 \left(b_k^i + b_{ki} \right) - V_i V_k \left(- g_{ki} \text{sen} \, \theta_{ik} - b_{ki} \cos \theta_{ik} \right)$$

Se o ramo for uma linha de transmissão, temos:

$$Q_{ik} + Q_{ki} = -V_i^2 \left(b_i^k + b_{ik} \right) - V_i V_k \left(g_{ik} \text{sen} \, \theta_{ik} - b_{ik} \cos \theta_{ik} \right) - V_k^2 \left(b_i^k + b_{ik} \right) + V_i V_k \left(g_{ik} \text{sen} \, \theta_{ik} + b_{iki} \cos \theta_{ik} \right) = -\left(V_i^2 + V_k^2 \right)\left(b_i^k + b_{ik} \right) + 2 V_i V_k b_{ik} \cos \theta_{ik}$$

Perda reativa na LT $= -\left(V_i^2 + V_k^2 \right)\left(b_i^k + b_{ik} \right) + 2 V_i V_k b_{ik} \cos \theta_{ik}$

A perda de potência reativa na LT pode ser positiva ou negativa, pois numa LT há consumo de potência reativa, representada pela sua indutância (fenômeno devido ao campo eletromagnético gerado nos condutores quando são atravessados por uma corrente elétrica), mas há também geração de potência reativa, representada por sua capacitância (fenômeno devido ao campo elétrico gerado entre os condutores e entre os condutores e a terra). Portanto, se a potência reativa consumida for maior do que a gerada, na linha há perda de potência reativa. Caso contrário, a linha passa a funcionar como um gerador de potência reativa. Embora não tenha grandes interesses, poderíamos encontrar a relação que dá a perda de potência reativa nula, igualando a zero a sua equação.

Então:

$$-\left(V_i^2 + V_k^2\right)\left(b_i^k + b_{ik}\right) + 2\,V_i V_k b_{ik}\cos\theta_{ik} = 0$$

$$\left(V_i^2 + V_k^2\right)\left(b_i^k + b_{ik}\right) = 2\,V_i V_k b_{ik}\cos\theta_{ik}$$

Dividindo por b_{ik}:

$$\left(V_i^2 + V_k^2\right)\left(1 + \frac{b_i^k}{b_{ik}}\right) = 2\,V_i V_k\cos\theta_{ik}$$

$$\left(1 + \frac{b_i^k}{b_{ik}}\right) = \frac{2\,V_i V_k\cos\theta_{ik}}{V_i^2 + V_k^2}$$

Então, chegamos na seguinte relação:

$$\frac{b_i^k}{b_{ik}} = \frac{2\,V_i V_k\cos\theta_{ik}}{V_i^2 + V_k^2} - 1$$

1.1.1.2 Cálculo do Fluxo de Potência na Rede Elétrica

Vamos considerar a Figura 1.4, que mostra um nó i conectado em n ramos (linhas de transmissão e/ou transformadores), em um elemento em derivação (admitância), em uma fonte geradora e em uma carga (representada por potência constante).

12 | Sistemas Elétricos de Potência e seus Principais Componentes

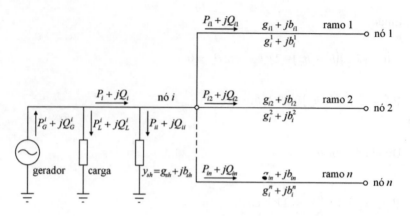

Figura 1.4 – Ligações de um nó

Sabendo-se que o somatório de potência em um nó tem que ser igual a zero, podemos determinar as expressões das potências ativa e reativa injetada na rede através do nó i, como segue:

$$P_i = P_G^i - P_L^i = P_{i1} + P_{i2} + \cdots + P_{in} + P_{ii}$$
$$Q_i = Q_G^i - Q_L^i = Q_{i1} + Q_{i2} + \cdots + Q_{in} + Q_{ii}$$

Utilizando a equação (1.1), a expressão da potência ativa injetada na rede torna-se:

$$P_i = V_i^2(g_i^1 + g_{i1}) - V_i V_1(g_{i1}\cos\theta_{i1} + b_{i1}\sen\theta_{i1}) + V_i^2(g_i^2 + g_{i2}) -$$
$$V_i V_2(g_{i2}\cos\theta_{i2} + b_{i2}\sen\theta_{i2}) + \cdots + V_i^2(g_i^n + g_{in}) -$$
$$V_i V_n(g_{in}\cos\theta_{in} + b_{in}\sen\theta_{in}) + V_i^2 g_{sh}^i =$$
$$= V_i^2(g_{sh}^i + g_i^1 + g_i^2 + \cdots + g_i^n + g_{i1} + g_{i2} + \cdots + g_{in}) -$$
$$V_i \sum_{k=1}^{n} V_k(g_{ik}\cos\theta_{ik} + b_{ik}\sen\theta_{ik}); \quad \text{com } i \neq k$$

Vamos considerar:

$$G_{ii} = g_{sh}^i + g_i^1 + g_i^2 + \cdots + g_i^n + g_{i1} + g_{i2} + \cdots + g_{in}$$
$$B_{ii} = b_{sh}^i + b_i^1 + b_i^2 + \cdots + b_i^n + b_{i1} + b_{i2} + \cdots + b_{in}$$
$$G_{ik} = -g_{ik}$$
$$B_{ik} = -b_{ik}$$

Estes elementos formam a matriz de admitância nodal, conhecida como Y_{bus}. Os valores dos elementos da diagonal são dados pela soma das admitâncias de todos os elementos conectados ao nó respectivo, e os valores dos elementos de fora da diagonal são dados pelo valor da admitância que conecta os respectivos nós com o sinal trocado. A matriz Y_p representa a rede elétrica, sendo os elementos da diagonal dados pelo somatório das admitâncias que conectam cada nó à terra e os elementos de fora da diagonal dados pelo somatório das admitâncias que conectam os nós correspondentes aos índices do elemento. Podemos dizer também que a matriz Y_{bus} pode ser obtida a partir da matriz Y_p, como segue:

$$Y_P = \begin{bmatrix} y_{11} & y_{12} & \cdots & y_{1n} \\ y_{21} & y_{22} & \cdots & y_{2n} \\ \vdots & \vdots & \ddots & \vdots \\ y_{n1} & y_{n2} & \cdots & y_{nn} \end{bmatrix} = \begin{bmatrix} g_{11} + jb_{11} & g_{12} + jb_{12} & \cdots & g_{1n} + jb_{1n} \\ g_{21} + jb_{21} & g_{22} + jb_{22} & \cdots & g_{2n} + jb_{2n} \\ \vdots & \vdots & \ddots & \vdots \\ g_{n1} + jb_{n1} & g_{n2} + jb_{n2} & \cdots & g_{nn} + jb_{nn} \end{bmatrix}$$

$$Y_{bus} = \begin{bmatrix} G_{11} + jB_{11} & G_{12} + jB_{12} & \cdots & G_{1n} + jB_{1n} \\ G_{21} + jB_{21} & G_{22} + jB_{22} & \cdots & G_{2n} + jB_{2n} \\ \vdots & \vdots & \ddots & \vdots \\ G_{n1} + jB_{n1} & G_{n2} + jB_{n2} & \cdots & G_{nn} + jB_{nn} \end{bmatrix}$$

Onde:

$$Y_{bus}^{ii} = \sum_{k=1}^{n} y_{ik} \quad \text{ou} \quad G_{ii} + jB_{ii} = \sum_{k=1}^{n} \left(g_{ik} + jb_{ik} \right)$$

$$Y_{bus}^{ik} = -y_{ik} \quad \text{ou} \quad G_{ik} + jB_{ik} = -g_{ik} - jb_{ik} \quad \text{com } i \neq k$$

Com isto, podemos obter a seguinte expressão para o somatório de potência ativa no nó i, sem a restrição de $i \neq k$:

$$\Delta P_i = P_i - V_i \sum_{k=1}^{n} V_k \left(G_{ik} \cos\theta_{ik} + B_{ik} \operatorname{sen}\theta_{ik} \right) = 0 \tag{1.3}$$

14 | Sistemas Elétricos de Potência e seus Principais Componentes

Utilizando a equação (1.2), a expressão da potência reativa injetada no nó i passa a ser:

$$Q_i = -V_i^2\left(b_i^1 + b_{i1}\right) - V_iV_1\left(g_{i1}\mathrm{sen}\,\theta_{i1} - b_{i1}\cos\theta_{i1}\right) - V_i^2\left(b_i^2 + b_{i2}\right) -$$
$$V_iV_2\left(g_{i2}\mathrm{sen}\,\theta_{i2} - b_{i2}\cos\theta_{i2}\right) - \cdots - V_i^2\left(b_i^n + b_{in}\right) -$$
$$V_iV_n\left(g_{in}\mathrm{sen}\,\theta_{in} - b_{in}\cos\theta_{in}\right) - V_i^2 b_{sh}^i =$$
$$= -V_i^2\left(b_{sh}^i + b_i^1 + b_i^2 + \cdots + b_i^n + b_{i1} + b_{i2} + \cdots + b_{in}\right) -$$
$$V_i\sum_{k=1}^{n}V_k\left(g_{ik}\mathrm{sen}\,\theta_{ik} - b_{ik}\cos\theta_{ik}\right); \quad \text{com } i \neq k$$

Portanto, o somatório de potência reativa no nó i é obtido pela expressão sem a restrição de $i \neq k$:

$$\Delta Q_i = Q_i - V_i\sum_{k=1}^{n}V_k\left(G_{ik}\mathrm{sen}\,\theta_{ik} - B_{ik}\cos\theta_{ik}\right) = 0 \qquad (1.4)$$

As equações (1.3) e (1.4) formam um sistema não linear a ser resolvido. Mostraremos como resolvê-lo pelo método de Newton-Raphson. Como já dissemos anteriormente, o sistema estará resolvido quando determinarmos todas as tensões (módulo e ângulo) de todos os nós, que são também conhecidos como barras. E por este motivo que os módulos e ângulos das tensões são chamados de variáveis de estado, pois elas definem o estado do sistema. Se observarmos o sistema, podemos verificar que para cada barra temos quatro variáveis: potência ativa injetada, potência reativa injetada, módulo da tensão e ângulo da tensão, e, no entanto, só podemos escrever duas equações por barra: somatório de potência ativa e somatório de potência reativa. O sistema seria indeterminado se não fosse possível, na prática, especificar duas das quatro variáveis de cada barra. Dependendo das variáveis que são especificadas podemos obter os seguintes tipos de barra:

a) barra tipo PV – onde são especificadas a potência ativa injetada e o módulo da tensão. Também conhecida como barra de geração, pois o despacho de potência ativa e a tensão terminal podem ser controlados através de reguladores de velocidade que atuam no torque da turbina para despachar mais ou menos potência elétrica e através de reguladores de tensão que atuam na corrente de campo do gerador para aumentar ou diminuir o valor da tensão terminal.

b) barra tipo PQ – onde são especificadas as potências ativa e reativa injetadas. Também conhecida como barra de carga, pois as potências ativa e reativa injetadas são conhecidas, sendo iguais às potências ativa e reativa da carga com o sinal trocado.

Capítulo 1 - Fluxo de Potência em Redes Elétricas de Alta Tensão | 15

c) barra tipo $V\theta$ – onde são especificados o módulo e o ângulo da tensão. Também conhecida como barra *slack* ou *swing*. Normalmente se arbitra como barra *slack* uma das barras de geração, sendo a candidata a de maior capacidade instalada. A escolha desta barra deve atender também ao critério de proximidade do centro elétrico do sistema. O ângulo da tensão desta barra é que serve como referência para o ângulo da tensão das outras. É comum se utilizar o valor zero para o ângulo dessa barra, pois facilmente pode ser verificado se o fasor de tensão de uma barra está em avanço ou em atraso, simplesmente observando o sinal do ângulo.

É claro que, para obtermos a solução do sistema, temos que arbitrar o despacho de potência ativa nas barras tipo PV, ficando sem saber se estamos com a melhor solução do sistema para este despacho de potência ativa, isto é, se as perdas do sistema são mínimas, por exemplo. Podemos imaginar que existem infinitas soluções para a rede elétrica, e que uma delas é a solução ótima. Porém, a determinação desta solução ótima é outro problema e, portanto, não a analisaremos aqui. Neste tipo de problema são utilizadas técnicas da Pesquisa Operacional.

Portanto, se temos um sistema com n barras, podemos afirmar que as variáveis de estado são os módulos das tensões das barras do tipo PQ e os ângulos das barras dos tipos PV e PQ. As equações que podemos escrever para solucionar o sistema são os somatórios de potências ativas das barras tipos PV e PQ e os somatórios das potências reativas das barras tipo PQ. Desta forma, a dimensão do sistema não linear a ser resolvido pode ser dada tanto pelo número de equações escritas como pelo número de variáveis de estado do sistema, pois os dois têm que ser iguais para que a solução do sistema seja possível de ser determinada.

O número de equações é dado por:

$$N = 2NBPQ + NBPV \tag{1.5}$$

Onde:

N – dimensão do sistema
$NBPQ$ – número de barras tipo PQ
$NBPV$ – número de barras tipo PV

O número de variáveis de estado do sistema também é dado pela mesma equação (1.5), pois para as barras do tipo PQ tem-se duas variáveis de estado (módulo da tensão e ângulo da tensão) e para as barras do tipo PV tem-se apenas uma variável de estado (ângulo da tensão).

1.2 Solução do Problema pelo Método de Newton-Raphson

Vamos resolver o sistema pelo método de Newton-Raphson, que é mostrado com mais detalhes no capítulo 8. Este método consiste em linearizar o sistema de equações não lineares, como segue:

$$J \, \Delta x = -f$$

Onde:

J – Jacobiano do sistema não linear
Δx – correções a serem feitas nas variáveis de estado (vetor de desvios)
f – funções que formam o sistema

A partir daí, basta determinarmos a solução do sistema linearizado formado anteriormente. É muito comum se utilizar o método da triangularização para resolver este sistema, com auxílio da técnica da eliminação de Gauss.

Com os valores dos desvios Δx determinados, podemos atualizar os valores de x adicionando-se neles os valores dos desvios. Isso é feito para corrigir o vetor de variáveis de estado, uma vez que com a linearização do sistema foram cometidos erros. A partir daí, devemos novamente formar o sistema linearizado, resolvê-lo e corrigir o vetor de variáveis de estado, e assim sucessivamente, até que se obtenha a solução do sistema, dentro de uma dada tolerância. O teste de convergência deve ser feito com os módulos dos valores relativos dos erros Δx, isto é, enquanto existir pelo menos um valor $\left| \dfrac{\Delta x}{x} \right|$ maior que a tolerância, esse processo deve ser repetido.

Por uma questão de organização, vamos primeiramente escrever todas as equações do somatório de potência ativa das barras dos tipos PV e PQ e depois todas as equações do somatório de potência reativa das barras do tipo PQ. Também por questão de organização, vamos ordenar as variáveis de estado, isto é, primeiro todos os ângulos das tensões das barras dos tipos PV e PQ e depois todos os módulos das tensões das barras do tipo PQ. Portanto, podemos escrever o sistema linearizado em notação matricial, como segue:

$$
\begin{bmatrix} \dfrac{\partial \Delta P}{\partial \theta} & \vdots & \dfrac{\partial \Delta P}{\partial V} \\ \cdots & \vdots & \cdots \\ \dfrac{\partial \Delta Q}{\partial \theta} & \vdots & \dfrac{\partial \Delta Q}{\partial V} \end{bmatrix} \begin{bmatrix} \Delta \theta \\ \cdots \\ \Delta V \end{bmatrix} = - \begin{bmatrix} \Delta P \\ \cdots \\ \Delta Q \end{bmatrix}
$$

Onde:

ΔP – somatório de potência ativa na barra *(mismatch)*
ΔQ – somatório de potência reativa na barra *(mismatch)*

Podemos observar que a matriz Jacobiano fica dividida em quatro submatrizes. Para facilitar os cálculos, como veremos mais adiante, são feitas algumas modificações no sistema linearizado, sem que a sua solução seja alterada. Com as modificações, o sistema passa a ser:

$$
\begin{bmatrix} -\dfrac{\partial \Delta P}{\partial \theta} & \vdots & -V\dfrac{\partial \Delta P}{\partial V} \\ \cdots & \vdots & \cdots \\ -\dfrac{\partial \Delta Q}{\partial \theta} & \vdots & -V\dfrac{\partial \Delta Q}{\partial V} \end{bmatrix} \begin{bmatrix} \Delta \theta \\ \cdots \\ \dfrac{\Delta V}{V} \end{bmatrix} = \begin{bmatrix} \Delta P \\ \cdots \\ \Delta Q \end{bmatrix}
$$

Ou:

$$
\begin{bmatrix} H & \vdots & N \\ \cdots & \vdots & \cdots \\ J & \vdots & L \end{bmatrix} \begin{bmatrix} \Delta \theta \\ \cdots \\ \dfrac{\Delta V}{V} \end{bmatrix} = \begin{bmatrix} \Delta P \\ \cdots \\ \Delta Q \end{bmatrix}
$$

Onde:

$$H_{ii} = -\frac{\partial \Delta P_i}{\partial \theta_i} \qquad e \qquad H_{ik} = -\frac{\partial \Delta P_i}{\partial \theta_k}$$

$$N_{ii} = -V_i \frac{\partial \Delta P_i}{\partial V_i} \qquad e \qquad N_{ik} = -V_k \frac{\partial \Delta P_i}{\partial V_k}$$

$$J_{ii} = -\frac{\partial \Delta Q_i}{\partial \theta_i} \qquad e \qquad J_{ik} = -\frac{\partial \Delta Q_i}{\partial \theta_k}$$

$$L_{ii} = -V_i \frac{\partial \Delta Q_i}{\partial V_i} \qquad e \qquad L_{ik} = -V_k \frac{\partial \Delta Q_i}{\partial V_k}$$

A submatriz H é uma matriz quadrada com o número de linhas igual ao número de colunas e igual a $NBPV + NBPQ$.

A submatriz N é uma matriz com o número de linhas igual a $NBPV + NBPQ$ e o número de colunas igual a $NBPQ$.

A submatriz J é uma matriz com o número de linhas igual a $NBPQ$ e o número de colunas igual a $NBPV + NBPQ$.

A submatriz L é uma matriz quadrada com o número de linhas igual ao número de colunas e igual a $NBPQ$.

Vamos demonstrar a seguir as equações para o cálculo dos elementos do Jacobiano, dividindo-se em dois grupos: o dos elementos que são derivados das equações de um nó i em relação a variável do mesmo nó i, e o dos elementos que são derivados das equações de um nó i em relação a variável de um nó k, diferente de i.

Capítulo 1 - Fluxo de Potência em Redes Elétricas de Alta Tensão | 19

Portanto:

$$
\begin{aligned}
H_{ii} = -\frac{\partial}{\partial \theta_i} \big[& P_i - V_i V_1 G_{i1} \cos(\theta_i - \theta_1) - V_i V_1 B_{i1} \mathrm{sen}(\theta_i - \theta_1) - \\
& V_i V_2 G_{i2} \cos(\theta_i - \theta_2) - V_i V_2 B_{i2} \mathrm{sen}(\theta_i - \theta_2) - \cdots - V_i^2 G_{ii} - \cdots - \\
& V_i V_k G_{ik} \cos(\theta_i - \theta_k) - V_i V_k B_{ik} \mathrm{sen}(\theta_i - \theta_k) - \cdots - \\
& V_i V_n G_{in} \cos(\theta_i - \theta_n) - V_i V_n B_{in} \mathrm{sen}(\theta_i - \theta_n) \big] = \\
= -V_i V_1 G_{i1} & \mathrm{sen}(\theta_i - \theta_1) + V_i V_1 B_{i1} \cos(\theta_i - \theta_1) - \\
V_i V_2 G_{i2} & \mathrm{sen}(\theta_i - \theta_2) + V_i V_2 B_{i2} \cos(\theta_i - \theta_2) - \cdots + 0 - \cdots - \\
V_i V_k G_{ik} & \mathrm{sen}(\theta_i - \theta_k) + V_i V_k B_{ik} \cos(\theta_i - \theta_k) - \cdots - \\
V_i V_n G_{in} & \mathrm{sen}(\theta_i - \theta_n) + V_i V_n B_{in} \cos(\theta_i - \theta_n) = \\
= -V_i \sum_{k=1}^{n} & V_k \left(G_{ik} \mathrm{sen}\, \theta_{ik} - B_{ik} \cos \theta_{ik} \right); \quad \text{com } i \neq k
\end{aligned}
$$

Para $i = k$, a derivada é nula e na equação anterior, quando isso acontece, o resultado é igual a $V_i^2 B_{ii}$. Portanto, podemos retirar essa restrição subtraindo a parcela $V_i^2 B_{ii}$ da equação de H_{ii}:

$$
H_{ii} = -V_i^2 B_{ii} - \underbrace{V_i \sum_{k=1}^{n} V_k \left(G_{ik} \mathrm{sen}\, \theta_{ik} - B_{ik} \cos \theta_{ik} \right)}_{Q_i}
$$

$$
H_{ii} = -V_i^2 B_{ii} - Q_i \tag{1.6}
$$

$$
\begin{aligned}
H_{ik} = -\frac{\partial}{\partial \theta_k} \big[& P_i - V_i V_1 G_{i1} \cos(\theta_i - \theta_1) - V_i V_1 B_{i1} \mathrm{sen}(\theta_i - \theta_1) - \\
& V_i V_2 G_{i2} \cos(\theta_i - \theta_2) - V_i V_2 B_{i2} \mathrm{sen}(\theta_i - \theta_2) - \cdots - V_i^2 G_{ii} - \cdots - \\
& V_i V_k G_{ik} \cos(\theta_i - \theta_k) - V_i V_k B_{ik} \mathrm{sen}(\theta_i - \theta_k) - \cdots - \\
& V_i V_n G_{in} \cos(\theta_i - \theta_n) - V_i V_n B_{in} \mathrm{sen}(\theta_i - \theta_n) \big] = \\
= V_i V_k G_{ik} & \mathrm{sen}(\theta_i - \theta_1) - V_i V_k B_{ik} \cos(\theta_i - \theta_1)
\end{aligned}
$$

Sistemas Elétricos de Potência e seus Principais Componentes

$$H_{ik} = V_i V_k \left(G_{ik}\mathrm{sen}\,\theta_{ik} - B_{ik}\cos\theta_{ik} \right) \tag{1.7}$$

$$
\begin{aligned}
N_{ii} = -V_i \frac{\partial}{\partial V_i} & \left[P_i - V_i V_1 G_{i1}\cos(\theta_i - \theta_1) - V_i V_1 B_{i1}\mathrm{sen}(\theta_i - \theta_1) - \right.\\
& V_i V_2 G_{i2}\cos(\theta_i - \theta_2) - V_i V_2 B_{i2}\mathrm{sen}(\theta_i - \theta_2) - \cdots - V_i^2 G_{ii} - \cdots - \\
& V_i V_k G_{ik}\cos(\theta_i - \theta_k) - V_i V_k B_{ik}\mathrm{sen}(\theta_i - \theta_k) - \cdots - \\
& \left. V_i V_n G_{in}\cos(\theta_i - \theta_n) - V_i V_n B_{in}\mathrm{sen}(\theta_i - \theta_n) \right] = \\
= & V_i V_1 G_{i1}\cos(\theta_i - \theta_1) + V_i V_1 B_{i1}\mathrm{sen}(\theta_i - \theta_1) + \\
& V_i V_2 G_{i2}\cos(\theta_i - \theta_2) + V_i V_2 B_{i2}\mathrm{sen}(\theta_i - \theta_2) + \cdots + 2 V_i^2 G_{ii} + \cdots + \\
& V_i V_k G_{ik}\cos(\theta_i - \theta_k) + V_i V_k B_{ik}\mathrm{sen}(\theta_i - \theta_k) + \cdots + \\
& V_i V_n G_{in}\cos(\theta_i - \theta_n) + V_i V_n B_{in}\mathrm{sen}(\theta_i - \theta_n) = \\
= & V_i \sum^{n} V_k \left(G_{ik}\cos\theta_{ik} + B_{ik}\mathrm{sen}\,\theta_{ik} \right); \quad \text{com } i \neq k
\end{aligned}
$$

Para $i = k$, a derivada é $2V_i^2 G_{ii}$ e na equação anterior, quando isso acontece, o resultado é igual a $V_i^2 G_{ii}$. Portanto, podemos retirar essa restrição adicionando a parcela $V_i^2 G_{ii}$ na equação de N_{ii}:

$$N_{ii} = V_i^2 G_{ii} + \underbrace{V_i \sum_{k=1}^{n} V_k \left(G_{ik}\cos\theta_{ik} + B_{ik}\mathrm{sen}\,\theta_{ik} \right)}_{P_i}$$

$$N_{ii} = V_i^2 G_{ii} + P_i \tag{1.8}$$

$$
\begin{aligned}
N_{ik} = -V_k \frac{\partial}{\partial V_k} & \left[P_i - V_i V_1 G_{i1}\cos(\theta_i - \theta_1) - V_i V_1 B_{i1}\mathrm{sen}(\theta_i - \theta_1) - \right.\\
& V_i V_2 G_{i2}\cos(\theta_i - \theta_2) - V_i V_2 B_{i2}\mathrm{sen}(\theta_i - \theta_2) - \cdots - V_i^2 G_{ii} - \cdots - \\
& V_i V_k G_{ik}\cos(\theta_i - \theta_k) - V_i V_k B_{ik}\mathrm{sen}(\theta_i - \theta_k) - \cdots - \\
& \left. V_i V_n G_{in}\cos(\theta_i - \theta_n) - V_i V_n B_{in}\mathrm{sen}(\theta_i - \theta_n) \right] = \\
= & V_i V_k G_{ik}\cos(\theta_i - \theta_k) + V_i V_1 B_{ik}\mathrm{sen}(\theta_i - \theta_1)
\end{aligned}
$$

$$N_{ik} = V_i V_k \left(G_{ik} \cos\theta_{ik} + B_{ik} \operatorname{sen}\theta_{ik} \right) \qquad (1.9)$$

$$
\begin{aligned}
J_{ii} = {} & -\frac{\partial}{\partial\theta_i}\left[Q_i - V_i V_1 G_{i1}\operatorname{sen}(\theta_i - \theta_1) + V_i V_1 B_{i1}\cos(\theta_i - \theta_1) - \right. \\
& V_i V_2 G_{i2}\operatorname{sen}(\theta_i - \theta_2) + V_i V_2 B_{i2}\cos(\theta_i - \theta_2) - \cdots + V_i^2 B_{ii} - \cdots - \\
& V_i V_k G_{ik}\operatorname{sen}(\theta_i - \theta_k) + V_i V_k B_{ik}\cos(\theta_i - \theta_k) - \cdots - \\
& \left. V_i V_n G_{in}\operatorname{sen}(\theta_i - \theta_n) + V_i V_n B_{in}\cos(\theta_i - \theta_n) \right] = \\
= {} & V_i V_1 G_{i1}\cos(\theta_i - \theta_1) + V_i V_1 B_{i1}\operatorname{sen}(\theta_i - \theta_1) + \\
& V_i V_2 G_{i2}\cos(\theta_i - \theta_2) + V_i V_2 B_{i2}\operatorname{sen}(\theta_i - \theta_2) + \cdots - 0 + \cdots + \\
& V_i V_k G_{ik}\cos(\theta_i - \theta_k) + V_i V_k B_{ik}\operatorname{sen}(\theta_i - \theta_k) + \cdots + \\
& V_i V_n G_{in}\cos(\theta_i - \theta_n) + V_i V_n B_{in}\operatorname{sen}(\theta_i - \theta_n) = \\
= {} & V_i \sum_{k=1}^{n} V_k \left(G_{ik}\cos\theta_{ik} + B_{ik}\operatorname{sen}\theta_{ik} \right); \quad \text{com } i \neq k
\end{aligned}
$$

Para $i = k$, a derivada é nula e na equação anterior, quando isso ocorre, o resultado é igual a $V_i^2 G_{ii}$. Portanto, podemos retirar essa restrição subtraindo a parcela $V_i^2 G_{ii}$ da equação de J_{ii}:

$$J_{ii} = -V_i^2 G_{ii} + \underbrace{V_i \sum_{k=1}^{n} V_k \left(G_{ik}\cos\theta_{ik} + B_{ik}\operatorname{sen}\theta_{ik} \right)}_{P_i}$$

$$J_{ii} = -V_i^2 G_{ii} + P_i \qquad (1.10)$$

$$
\begin{aligned}
J_{ik} = {} & -\frac{\partial}{\partial\theta_k}\left[Q_i - V_i V_1 G_{i1}\operatorname{sen}(\theta_i - \theta_1) + V_i V_1 B_{i1}\cos(\theta_i - \theta_1) - \right. \\
& V_i V_2 G_{i2}\operatorname{sen}(\theta_i - \theta_2) + V_i V_2 B_{i2}\cos(\theta_i - \theta_2) - \cdots + V_i^2 B_{ii} - \cdots - \\
& V_i V_k G_{ik}\operatorname{sen}(\theta_i - \theta_k) + V_i V_k B_{ik}\cos(\theta_i - \theta_k) - \cdots - \\
& \left. V_i V_n G_{in}\operatorname{sen}(\theta_i - \theta_n) + V_i V_n B_{in}\cos(\theta_i - \theta_n) \right] = \\
= {} & -V_i V_k G_{ik}\cos(\theta_i - \theta_k) - V_i V_k B_{ik}\operatorname{sen}(\theta_i - \theta_k)
\end{aligned}
$$

$$J_{ik} = -V_i V_k \left(G_{ik} \cos\theta_{ik} + B_{ik} \sin\theta_{ik} \right) \tag{1.11}$$

$$
\begin{aligned}
L_{ii} = & -V_i \frac{\partial}{\partial V_i} \left[Q_i - V_i V_1 G_{i1} \mathrm{sen}(\theta_i - \theta_1) + V_i V_1 B_{i1} \cos(\theta_i - \theta_1) - \right. \\
& V_i V_2 G_{i2} \mathrm{sen}(\theta_i - \theta_2) + V_i V_2 B_{i2} \cos(\theta_i - \theta_2) - \cdots + V_i^2 B_{ii} - \cdots - \\
& V_i V_k G_{ik} \mathrm{sen}(\theta_i - \theta_k) + V_i V_k B_{ik} \cos(\theta_i - \theta_k) - \cdots - \\
& \left. V_i V_n G_{in} \mathrm{sen}(\theta_i - \theta_n) + V_i V_n B_{in} \cos(\theta_i - \theta_n) \right] = \\
= & \; V_i V_1 G_{i1} \mathrm{sen}(\theta_i - \theta_1) - V_i V_1 B_{i1} \cos(\theta_i - \theta_1) + \\
& V_i V_2 G_{i2} \mathrm{sen}(\theta_i - \theta_2) - V_i V_2 B_{i2} \cos(\theta_i - \theta_2) + \cdots - 2 V_i^2 B_{ii} + \cdots + \\
& V_i V_k G_{ik} \mathrm{sen}(\theta_i - \theta_k) - V_i V_k B_{ik} \cos(\theta_i - \theta_k) + \cdots + \\
& V_i V_n G_{in} \mathrm{sen}(\theta_i - \theta_n) - V_i V_n B_{in} \cos(\theta_i - \theta_n) = \\
= & \; V_i \sum_{k=1}^{n} V_k \left(G_{ik} \mathrm{sen}\,\theta_{ik} - B_{ik} \cos\theta_{ik} \right); \quad \text{com } i \neq k
\end{aligned}
$$

Para $i = k$, a derivada é $-2V_i^2 B_{ii}$ e na equação anterior, quando isso ocorre, o resultado é igual a $-V_i^2 B_{ii}$. Portanto, podemos retirar a restrição subtraindo a parcela $V_i^2 B_{ii}$ na equação de L_{ii}:

$$L_{ii} = -V_i^2 B_{ii} + \underbrace{V_i \sum_{k=1}^{n} V_k \left(G_{ik} \mathrm{sen}\,\theta_{ik} - B_{ik} \cos\theta_{ik} \right)}_{Q_i}$$

$$L_{ii} = -V_i^2 B_{ii} + Q_i \tag{1.12}$$

$$
\begin{aligned}
L_{ik} = & -V_k \frac{\partial}{\partial V_k} \left[Q_i - V_i V_1 G_{i1} \mathrm{sen}(\theta_i - \theta_1) + V_i V_1 B_{i1} \cos(\theta_i - \theta_1) - \right. \\
& V_i V_2 G_{i2} \mathrm{sen}(\theta_i - \theta_2) + V_i V_2 B_{i2} \cos(\theta_i - \theta_2) - \cdots + V_i^2 B_{ii} - \cdots - \\
& V_i V_k G_{ik} \mathrm{sen}(\theta_i - \theta_k) + V_i V_k B_{ik} \cos(\theta_i - \theta_k) - \cdots - \\
& \left. V_i V_n G_{in} \mathrm{sen}(\theta_i - \theta_n) + V_i V_n B_{in} \cos(\theta_i - \theta_n) \right] = \\
= & \; V_i V_k G_{ik} \mathrm{sen}(\theta_i - \theta_k) - V_i V_k B_{ik} \cos(\theta_i - \theta_k)
\end{aligned}
$$

$$L_{ik} = V_i V_k \left(G_{ik} \mathrm{sen}\,\theta_{ik} - B_{ik} \cos\theta_{ik} \right) \tag{1.13}$$

Resumindo:

Para $i \neq k$

$$H_{ik} = L_{ik} = V_i V_k \left(G_{ik} \mathrm{sen}\,\theta_{ik} - B_{ik}\cos\theta_{ik} \right)$$
$$N_{ik} = -J_{ik} = V_i V_k \left(G_{ik}\cos\theta_{ik} + B_{ik}\mathrm{sen}\,\theta_{ik} \right)$$

Para $i = k$

$$H_{ii} = -V_i^2 B_{ii} - Q_i$$
$$N_{ii} = +V_i^2 G_{ii} + P_i$$
$$J_{ii} = -V_i^2 G_{ii} + P_i$$
$$L_{ii} = -V_i^2 B_{ii} + Q_i$$

Com a demonstração das fórmulas de cálculo dos elementos do Jacobiano, podemos verificar que as modificações feitas no sistema simplificam bastante os cálculos

O Jacobiano é tão esparso quanto as matrizes Y_P e Y_{bus}, pois quando não existe ligação entre dois nós, não existem os elementos respectivos dessas matrizes, bem como também não existem os elementos H_{ik}, N_{ik}, J_{ik} e L_{ik} do Jacobiano.

Normalmente as matrizes Y_P e Y_{bus} são simétricas em estrutura e em valor, e neste caso, basta serem armazenados os elementos da diagonal e os não nulos da parte acima da diagonal. O único caso em que estas matrizes não são simétricas em valor é quando existem transformadores defasadores no sistema elétrico, porém neste caso existem técnicas para manter a simetria em valor destas matrizes, fazendo com que a relação de transformação e o respectivo defasamento sejam considerados através de injeções de corrente nas barras em que os transformadores defasadores estão conectados. Essa técnica é mostrada no capítulo 3.

O Jacobiano é simétrico apenas em estrutura e, portanto é necessário armazenar todos os elementos não nulos desta matriz. Este só passa a ser simétrico em valor quando são desprezadas todas as resistências do sistema elétrico, como será apresentado no exemplo do item 1.3.

1.3 Exemplo de Cálculo de Fluxo de Potência

Vamos considerar o sistema elétrico mostrado na Figura 1.5.

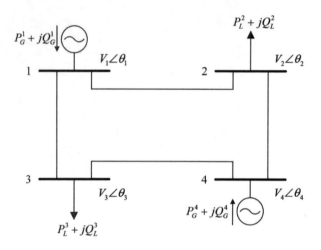

Figura 1.5 – Sistema elétrico exemplo

A matriz de admitância primitiva é:

$$Y_P = \begin{bmatrix} y_1^2 + y_1^3 & y_{12} & y_{13} & 0 \\ y_{21} & y_2^1 + y_2^4 & 0 & y_{24} \\ y_{31} & 0 & y_3^1 + y_3^4 & y_{34} \\ 0 & y_{42} & y_{43} & y_4^2 + y_4^3 \end{bmatrix}$$

A matriz de admitância nodal é:

$$Y_{bus} = \begin{bmatrix} y_1^2 + y_1^3 + y_{12} + y_{13} & -y_{12} & -y_{13} & 0 \\ -y_{21} & y_2^1 + y_2^4 + y_{21} + y_{24} & 0 & -y_{24} \\ -y_{31} & 0 & y_3^1 + y_3^4 + y_{31} + y_{34} & -y_{34} \\ 0 & -y_{42} & -y_{43} & y_4^2 + y_4^3 + y_{42} + y_{43} \end{bmatrix}$$

Os tipos das barras e variáveis são mostrados na Tabela 1.1.

Capítulo 1 - Fluxo de Potência em Redes Elétricas de Alta Tensão   25

Tabela 1.1 – Tipos das Barras do Sistema

barra	tipo	variáveis especificadas	variáveis calculadas
1	Vθ	V_1 e θ_1	P_1 e Q_1
2	PQ	P_2 e Q_2	V_2 e θ_2
3	PQ	P_3 e Q_3	V_3 e θ_3
4	PV	P_4 e V_4	Q_4 e θ_4

O sistema linearizado fica:

$$
\begin{bmatrix}
H_{22} & 0 & H_{24} & \vdots & N_{22} & 0 \\
0 & H_{33} & H_{34} & \vdots & 0 & N_{33} \\
H_{42} & H_{43} & H_{44} & \vdots & N_{42} & N_{43} \\
\dots & \dots & \dots & \dots & \dots & \dots \\
J_{22} & 0 & J_{24} & \vdots & L_{22} & 0 \\
0 & J_{33} & J_{34} & \vdots & 0 & L_{33}
\end{bmatrix}
\begin{bmatrix}
\Delta\theta_2 \\
\Delta\theta_3 \\
\Delta\theta_4 \\
\dots \\
\Delta V_2 / V_2 \\
\Delta V_3 / V_3
\end{bmatrix}
=
\begin{bmatrix}
\Delta P_2 \\
\Delta P_3 \\
\Delta P_4 \\
\dots \\
\Delta Q_2 \\
\Delta Q_3
\end{bmatrix}
$$

Onde:

$$H_{22} = -V_2^2 B_{22} - Q_2 \quad \text{onde} \quad Q_2 = -Q_L^2$$

$$H_{33} = -V_3^2 B_{33} - Q_3 \quad \text{onde} \quad Q_3 = -Q_L^3$$

$$H_{44} = -V_4^2 B_{44} - Q_4 \quad \text{onde} \quad Q_4 = V_4 \sum_{k=1}^{4} V_k \left(G_{4k}\operatorname{sen}\theta_{4k} - B_{4k}\cos\theta_{4k} \right)$$

$$H_{24} = V_2 V_4 \left(G_{24}\operatorname{sen}\theta_{24} - B_{24}\cos\theta_{24} \right)$$

$$H_{42} = V_4 V_2 \left(G_{42}\operatorname{sen}\theta_{42} - B_{42}\cos\theta_{42} \right) = V_2 V_4 \left(-G_{24}\operatorname{sen}\theta_{24} - B_{24}\cos\theta_{24} \right)$$

$$\therefore H_{24} = H_{42} + 2V_2 V_4 G_{24}\operatorname{sen}\theta_{24} \therefore H_{24} \neq H_{42} \text{ se } G_{24} = 0 \text{ então } H_{24} = H_{42}$$

$$H_{34} = V_3 V_4 \left(G_{34}\operatorname{sen}\theta_{34} - B_{34}\cos\theta_{34} \right)$$

$$H_{43} = V_4 V_3 \left(G_{43}\operatorname{sen}\theta_{43} - B_{43}\cos\theta_{43} \right) = V_3 V_4 \left(-G_{34}\operatorname{sen}\theta_{34} - B_{34}\cos\theta_{34} \right)$$

$$\therefore H_{34} = H_{43} + 2V_3 V_4 G_{34}\operatorname{sen}\theta_{34} \therefore H_{34} \neq H_{43} \text{ se } G_{34} = 0 \text{ então } H_{34} = H_{43}$$

$$J_{22} = -V_2^2 G_{22} + P_2 \quad \text{onde } P_2 = -P_L^2$$
$$N_{22} = V_2^2 G_{22} + P_2 \therefore J_{22} = N_{22} - 2V_2^2 G_{22}$$
$$J_{22} \neq N_{22} \quad \text{se } G_{22} = 0 \text{ então } J_{22} = N_{22}$$

$$J_{33} = -V_3^2 G_{33} + P_3 \quad \text{onde } P_3 = -P_L^3$$
$$N_{33} = V_3^2 G_{33} + P_3 \therefore J_{33} = N_{33} - 2V_3^2 G_{33}$$
$$J_{33} \neq N_{33} \quad \text{se } G_{33} = 0 \text{ então } J_{33} = N_{33}$$

$$J_{24} = -V_2 V_4 \left(G_{24}\cos\theta_{24} + B_{24}\mathrm{sen}\,\theta_{24} \right)$$
$$N_{42} = V_4 V_2 \left(G_{42}\cos\theta_{42} + B_{42}\mathrm{sen}\,\theta_{42} \right) = V_2 V_4 \left(G_{24}\cos\theta_{24} - B_{24}\mathrm{sen}\,\theta_{24} \right)$$
$$\therefore J_{24} = N_{42} - 2V_2 V_4 G_{24}\cos\theta_{24} \therefore J_{24} \neq N_{42} \quad \text{se } G_{24} = 0 \text{ então } J_{24} = N_{42}$$

$$J_{34} = -V_3 V_4 \left(G_{34}\cos\theta_{34} + B_{34}\mathrm{sen}\,\theta_{34} \right)$$
$$N_{43} = V_4 V_3 \left(G_{43}\cos\theta_{43} + B_{43}\mathrm{sen}\,\theta_{43} \right) = V_3 V_4 \left(G_{34}\cos\theta_{34} - B_{34}\mathrm{sen}\,\theta_{34} \right)$$
$$\therefore J_{34} = N_{43} - 2V_3 V_4 G_{34}\cos\theta_{34} \therefore J_{34} \neq N_{43} \quad \text{se } G_{34} = 0 \text{ então } J_{34} = N_{43}$$

$$L_{22} = -V_2^2 B_{22} + Q_2 \quad \text{onde } Q_2 = -Q_L^2$$
$$L_{33} = -V_3^2 B_{33} + Q_3 \quad \text{onde } Q_3 = -Q_L^3$$

$$\Delta P_2 = P_2 - V_2 \sum_{k=1}^{4} V_k \left(G_{2k}\cos\theta_{2k} + B_{2k}\mathrm{sen}\,\theta_{2k} \right) \quad \text{onde } P_2 = -P_L^2$$

$$\Delta P_3 = P_3 - V_3 \sum_{k=1}^{4} V_k \left(G_{3k}\cos\theta_{3k} + B_{3k}\mathrm{sen}\,\theta_{3k} \right) \quad \text{onde } P_3 = -P_L^3$$

$$\Delta P_4 = P_4 - V_4 \sum_{k=1}^{4} V_k \left(G_{4k}\cos\theta_{4k} + B_{4k}\mathrm{sen}\,\theta_{4k} \right) \quad \text{onde } P_4 = P_G^4$$

$$\Delta Q_2 = Q_2 - V_2 \sum_{k=1}^{4} V_k \left(G_{2k}\mathrm{sen}\,\theta_{2k} - B_{2k}\cos\theta_{2k} \right) \quad \text{onde } Q_2 = -Q_L^2$$

$$\Delta Q_3 = Q_3 - V_3 \sum_{k=1}^{4} V_k \left(G_{3k}\mathrm{sen}\,\theta_{3k} - B_{3k}\cos\theta_{3k} \right) \quad \text{onde } Q_3 = -Q_L^3$$

De acordo com o que foi exposto anteriormente, podemos afirmar que o Jacobiano só é simétrico em valor quando todas as resistências do sistema elétrico representado são nulas, e, portanto só há necessidade de se armazenar os elementos não nulos acima da diagonal, além dos elementos da diagonal.

Com o sistema linearizado resolvido, podemos atualizar os valores das variáveis de estado, sabendo-se que normalmente é considerado para os valores iniciais dos ângulos das tensões das barras 2, 3 e 4 iguais ao ângulo da tensão da barra 1 (*slack*), que serve de referência, e com o valor 1 para o módulo das tensões das barras 2 e 3. Esta inicialização das variáveis de estado é conhecida como "*Flat Start*". A atualização das variáveis de estado é feita como segue:

$$\theta_2 = \theta_2 + \Delta\theta_2$$
$$\theta_3 = \theta_3 + \Delta\theta_3$$
$$\theta_4 = \theta_4 + \Delta\theta_4$$
$$V_2 = V_2\left(1 + \frac{\Delta V_2}{V_2}\right)$$
$$V_3 = V_3\left(1 + \frac{\Delta V_3}{V_3}\right)$$

Com o sistema convergido, podemos calcular:

a) Fluxos nas linhas, utilizando as equações (1.1) e (1.2)

$$P_{12} = V_1^2\left(g_1^2 + g_{12}\right) - V_1 V_2\left(g_{12}\cos\theta_{12} + b_{12}\mathrm{sen}\theta_{12}\right)$$
$$Q_{12} = -V_1^2\left(b_1^2 + b_{12}\right) - V_1 V_2\left(g_{12}\mathrm{sen}\theta_{12} - b_{12}\cos\theta_{12}\right)$$
$$P_{21} = V_2^2\left(g_2^1 + g_{21}\right) - V_1 V_2\left(g_{21}\cos\theta_{21} + b_{21}\mathrm{sen}\theta_{21}\right)$$
$$Q_{21} = -V_2^2\left(b_2^1 + b_{21}\right) - V_1 V_2\left(g_{21}\mathrm{sen}\theta_{21} - b_{21}\cos\theta_{21}\right)$$
$$P_{13} = V_1^2\left(g_1^3 + g_{13}\right) - V_1 V_3\left(g_{13}\cos\theta_{13} + b_{13}\mathrm{sen}\theta_{13}\right)$$
$$Q_{13} = -V_1^2\left(b_1^3 + b_{13}\right) - V_1 V_3\left(g_{13}\mathrm{sen}\theta_{13} - b_{13}\cos\theta_{13}\right)$$
$$P_{31} = V_3^2\left(g_3^1 + g_{31}\right) - V_1 V_3\left(g_{31}\cos\theta_{31} + b_{31}\mathrm{sen}\theta_{31}\right)$$
$$Q_{31} = -V_3^2\left(b_3^1 + b_{31}\right) - V_1 V_3\left(g_{31}\mathrm{sen}\theta_{31} - b_{31}\cos\theta_{31}\right)$$
$$P_{24} = V_2^2\left(g_2^4 + g_{24}\right) - V_2 V_4\left(g_{24}\cos\theta_{24} + b_{24}\sin\theta_{24}\right)$$
$$Q_{24} = -V_2^2\left(b_2^4 + b_{24}\right) - V_2 V_4\left(g_{24}\mathrm{sen}\theta_{24} - b_{24}\cos\theta_{24}\right)$$
$$P_{42} = V_4^2\left(g_4^2 + g_{42}\right) - V_2 V_4\left(g_{42}\cos\theta_{42} + b_{42}\mathrm{sen}\theta_{42}\right)$$

$$Q_{42} = -V_4^2\left(b_4^2 + b_{42}\right) - V_2V_4\left(g_{42}\mathrm{sen}\,\theta_{42} - b_{42}\mathrm{cos}\,\theta_{42}\right)$$

$$P_{34} = V_3^2\left(g_3^4 + g_{34}\right) - V_3V_4\left(g_{34}\mathrm{cos}\,\theta_{34} + b_{34}\mathrm{sen}\,\theta_{34}\right)$$

$$Q_{34} = -V_3^2\left(b_3^4 + b_{34}\right) - V_3V_4\left(g_{34}\mathrm{sen}\,\theta_{34} - b_{34}\mathrm{cos}\,\theta_{34}\right)$$

$$P_{43} = V_4^2\left(g_4^3 + g_{43}\right) - V_3V_4\left(g_{43}\mathrm{cos}\,\theta_{43} + b_{43}\mathrm{sen}\,\theta_{43}\right)$$

$$Q_{43} = -V_4^2\left(b_4^3 + b_{43}\right) - V_3V_4\left(g_{43}\mathrm{sen}\,\theta_{43} - b_{43}\mathrm{cos}\,\theta_{43}\right)$$

b) Potências ativa e reativa geradas na barra 1

$$P_G^1 = P_{13} + P_{12}$$

$$Q_G^1 = Q_{13} + Q_{12}$$

c) Potência reativa gerada na barra 4

$$Q_G^4 = Q_{42} + Q_{43}$$

d) Perdas ativa e reativa do sistema

$$\text{perda ativa} = P_G^1 + P_G^4 - P_L^2 - P_L^3$$

$$\text{perda reativa} = Q_G^1 + Q_G^4 - Q_L^2 - Q_L^3$$

No problema real, existem restrições para o valor da potência reativa gerada nas barras tipo PV, pois os geradores têm capacidade de geração de potência reativa limitada de acordo com o sistema de excitação. Assim sendo, ao se calcular o valor da potência reativa nas barras do tipo PV, deve-se verificar se este valor está compreendido entre os limites mínimo e máximo de geração de potência reativa. Caso tenha sido violado algum dos limites, o valor calculado da potência reativa deve ser substituído pelo valor do limite violado, e o tipo da barra deve ser trocado de PV para PQ, pois agora os valores de potência ativa e reativa injetada na barra são especificados e o valor do módulo da tensão que antes era especificado, passe a ser calculado. Com isto, é importante que a cada iteração todas as variáveis sejam calculadas e não apenas as variáveis de estado.

É claro que, com a troca de tipos de barras PV e PQ durante a solução do problema, a estrutura do Jacobiano muda, pois novos elementos são incluídos quando a troca é de PV para PQ ou são excluídos quando a troca é de PQ para PV, para as barras que originalmente eram do tipo PV.

Capítulo 2
Modelos de Linhas de Transmissão

A linha de transmissão é o meio utilizado para transportar energia elétrica dos grandes centros produtores (usinas geradoras) para os grandes centros de consumo (cidades). Portanto, a sua correta modelagem, bem como o cálculo dos seus parâmetros é muito importante para que a análise global do sistema elétrico não seja prejudicada.

2.1 Cálculo dos Parâmetros Concentrados

A linha é modelada por dois elementos distribuídos ao longo do seu comprimento. Esses dois elementos são a impedância longitudinal (R+jX), que representa os efeitos das perdas por efeito *Joule* (R) e do campo eletromagnético (X), quando em seus cabos condutores passam uma corrente elétrica, e a admitância transversal (G+jB), que representa os efeitos da corrente de fuga através das cadeias de isoladores e das perdas por efeito corona (G) e do campo elétrico gerado entre os cabos e a terra (B). Como esses efeitos são distribuídos ao longo de todo o comprimento da linha, os seus parâmetros são normalmente dados em Ω/km para a impedância longitudinal e em S/km para a admitância transversal. A Figura 2.1 mostra o modelo matemático para a representação da linha através dos parâmetros distribuídos.

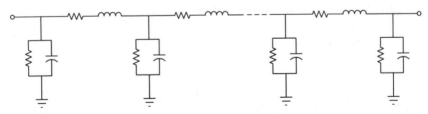

Figura 2.1 – Modelo de linha de transmissão com parâmetros distribuídos

Normalmente o efeito da condutância G é muito pequeno e pode ser desprezado para estudos de fluxo de carga. O que se pretende calcular é o modelo equivalente da linha de transmissão, isto é, os parâmetros concentrados da LT, com os parâmetros distribuídos z (impedância longitudinal em Ω/km) e y (admitância transversal em S/km) conhecidos. Para isto, vamos considerar o modelo elementar da linha de transmissão mostrado na Figura 2.2.

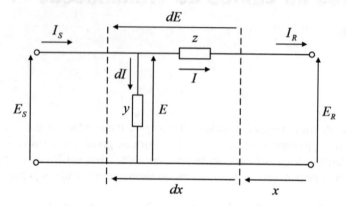

Figura 2.2 – Modelo elementar de uma linha de transmissão

Onde:

E_S – tensão no terminal transmissor
E – tensão num ponto qualquer da LT
E_R – tensão no terminal receptor
dE – diferencial da tensão num ponto qualquer da LT
x – distância ao terminal receptor
dx – diferencial da distância
I_S – corrente no terminal transmissor
I – corrente num ponto qualquer da LT
I_R – corrente no terminal receptor
dI – diferencial da corrente desviada para a terra

Um cálculo aproximado é feito quando para obtermos os parâmetros concentrados, multiplicamos os parâmetros distribuídos pelo comprimento da LT. É claro que este cálculo só seria exato se não houvesse desvio de corrente para a terra, isto é, se $I_S = I = I_R$ e se não houvesse diferença de potencial ao longo da LT, isto é, se $E_S = E = E_R$. Então, quanto maior forem os valores de z e y, maior será o erro cometido neste cálculo aproximado.

Vamos mostrar a seguir como se faz o cálculo exato dos parâmetros concentrados.

Pela Figura 2.2 podemos observar que:

$$dE = I z \, dx \tag{2.1}$$

$$dI = E y \, dx \tag{2.2}$$

Ou:

$$\frac{dE}{dx} = I z \tag{2.3}$$

$$\frac{dI}{dx} = E y \tag{2.4}$$

Derivando as equações (2.3) e (2.4) em relação à x, temos:

$$\frac{d^2 E}{dx^2} = z \frac{dI}{dx} \tag{2.5}$$

$$\frac{d^2 I}{dx^2} = y \frac{dE}{dx} \tag{2.6}$$

Agora as equações diferenciais (2.5) e (2.6) devem ser resolvidas em relação à x. Para isto vamos utilizar a transformada de Laplace, sabendo que para $x = 0$, $I = I_R$ e $E = E_R$ (condições iniciais).

Substituindo a equação (2.4) na equação (2.5), temos:

$$\frac{d^2 E(x)}{dx^2} - zyE(x) = 0 \tag{2.7}$$

32 | Sistemas Elétricos de Potência e seus Principais Componentes

Sabendo-se que:

$$\mathscr{L}\left[\frac{d^n f(x)}{dx^n}\right] = s^n F(s) - s^{n-1} f(x_0) - s^{n-2} \frac{df(x_0)}{dx} - \dots - s\frac{d^{n-2} f(x_0)}{dx^{n-2}} - \frac{d^{n-1} f(x_0)}{dx^{n-1}}$$

Aplicando a transformada de Laplace à equação (2.7), temos:

$$s^2 E(s) - sE(x_0) - E'(x_0) - zyE(s) = 0 \qquad (2.8)$$

Onde:

$$x_0 = 0$$
$$E(x_0) = E_R$$

$$E'(x_0) = \frac{dE}{dx}\bigg|_{x=x_0} = I\,z\big|_{x=x_0} = I_R\,z \qquad (2.9)$$

Substituindo o resultado da equação (2.9) na equação (2.8), temos:

$$s^2 E(s) - s E_R - I_R z - zyE(s) = 0$$

Ou:

$$(s^2 - zy)E(s) = s E_R + z I_R$$

Então:

$$E(s) = \frac{s E_R + z I_R}{s^2 - zy} = E_R \frac{s}{s^2 - zy} + z I_R \frac{1}{s^2 - zy}$$

Sabendo-se que:

$$\mathscr{L}^{-1}\left[\frac{s}{s^2-a^2}\right] = \cosh{(ax)}$$

$$\mathscr{L}^{-1}\left[\frac{1}{s^2-a^2}\right] = \frac{1}{a}\operatorname{senh}{(ax)}$$

Temos:

$$E(x) = E_R\cosh\left(\sqrt{zy}\; x\right) + z\, I_R\, \frac{1}{\sqrt{zy}}\operatorname{senh}\left(\sqrt{zy}\; x\right)$$

Ou:

$$E(x) = E_R\cosh\left(\sqrt{zy}\; x\right) + I_R\sqrt{\frac{z}{y}}\operatorname{senh}\left(\sqrt{zy}\; x\right) \tag{2.10}$$

Substituindo a equação (2.3) na equação (2.6), temos:

$$\frac{d^2 I(x)}{dx^2} - zyI(x) = 0 \tag{2.11}$$

Aplicando a transformada de Laplace na equação (2.11), temos:

$$s^2 I(s) - sI(x_0) - I'(x_0) - zyI(s) = 0 \tag{2.12}$$

Onde:

$$x_0 = 0$$

$$I(x_0) = I_R$$

$$I'(x_0) = \left.\frac{dI}{dx}\right|_{x=x_0} = E\, y\big|_{x=x_0} = E_R\, y \tag{2.13}$$

Substituindo o resultado da equação (2.13) na equação (2.12), temos:

$$s^2 I(s) - s\, I_R - E_R\, y - zy I(s) = 0$$

Ou:

$$(s^2 - zy)\, I(s) = s\, I_R + y\, E_R$$

Então:

$$I(s) = \frac{s\, I_R + y\, E_R}{s^2 - zy} = I_R \frac{s}{s^2 - zy} + y\, E_R \frac{1}{s^2 - zy}$$

Aplicando a transformada inversa de Laplace, temos:

$$I(x) = I_R \cosh\left(\sqrt{zy}\ x\right) + y\, E_R \frac{1}{\sqrt{zy}} \operatorname{senh}\left(\sqrt{zy}\ x\right)$$

Ou:

$$I(x) = I_R \cosh\left(\sqrt{zy}\ x\right) + E_R \sqrt{\frac{y}{z}}\, \operatorname{senh}\left(\sqrt{zy}\ x\right) \qquad (2.14)$$

Quando $x = \ell$ (comprimento da LT), temos:

$$E(\ell) = E_S = E_R \cosh\left(\sqrt{zy}\ \ell\right) + I_R \sqrt{\frac{z}{y}}\, \operatorname{senh}\left(\sqrt{zy}\ \ell\right)$$

$$I(\ell) = I_S = I_R \cosh\left(\sqrt{zy}\ \ell\right) + E_R \sqrt{\frac{y}{z}}\, \operatorname{senh}\left(\sqrt{zy}\ \ell\right)$$

Em notação matricial, temos:

$$\begin{bmatrix} E_S \\ I_S \end{bmatrix} = \begin{bmatrix} \cosh(\sqrt{zy}\,\ell) & \sqrt{\dfrac{z}{y}}\,\operatorname{senh}(\sqrt{zy}\,\ell) \\ \sqrt{\dfrac{y}{z}}\,\operatorname{senh}(\sqrt{zy}\,\ell) & \cosh(\sqrt{zy}\,\ell) \end{bmatrix} \begin{bmatrix} E_R \\ I_R \end{bmatrix} \qquad (2.15)$$

Ou:

$$\begin{bmatrix} E_S \\ I_S \end{bmatrix} = \begin{bmatrix} A & B \\ C & D \end{bmatrix} \begin{bmatrix} E_R \\ I_R \end{bmatrix}$$

Sendo os parâmetros do quadripolo: $A=\cosh(\sqrt{zy}\,\ell)$, $B=\sqrt{\dfrac{z}{y}}\,\operatorname{senh}(\sqrt{zy}\,\ell)$, $C=\sqrt{\dfrac{y}{z}}\,\operatorname{senh}(\sqrt{zy}\,\ell)$ e $D=\cosh(\sqrt{zy}\,\ell)$.

Agora vamos considerar o modelo π equivalente mostrado na Figura 2.3.

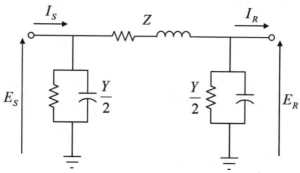

Figura 2.3 – Modelo π equivalente de uma LT

Podemos escrever as equações I_S e I_R fazendo o somatório das correntes nos terminais transmissor e receptor, como segue:

$$I_S = \frac{E_S - E_R}{Z} + E_S \frac{Y}{2} = E_S\left(\frac{1}{Z} + \frac{Y}{2}\right) - \frac{E_R}{Z} \qquad (2.16)$$

$$-I_R = \frac{E_R - E_S}{Z} + E_R \frac{Y}{2} = E_R \left(\frac{1}{Z} + \frac{Y}{2} \right) - \frac{E_S}{Z} \tag{2.17}$$

Explicitando o valor de E_S na equação (2.17), temos:

$$E_S = E_R \left(\frac{1}{Z} + \frac{Y}{2} \right) Z + I_R Z$$

$$E_S = E_R \left(1 + \frac{ZY}{2} \right) + I_R Z \tag{2.18}$$

Somando as equações (2.16) e (2.17), temos:

$$I_S - I_R = E_S \frac{Y}{2} + E_R \frac{Y}{2}$$

Então:

$$I_S = \left(E_S + E_R \right) \frac{Y}{2} + I_R \tag{2.19}$$

Substituindo a equação (2.18) na equação (2.19), obtemos:

$$I_S = \left[E_R \left(1 + \frac{ZY}{2} \right) + I_R Z + E_R \right] \frac{Y}{2} + I_R = E_R \left(2 + \frac{ZY}{2} \right) \frac{Y}{2} + I_R \frac{ZY}{2} + I_R$$

$$I_S = E_R \left(Y + \frac{ZY^2}{4} \right) + I_R \left(1 + \frac{ZY}{2} \right) \tag{2.20}$$

Em notação matricial, as equações (2.18) e (2.20) ficam:

$$\begin{bmatrix} E_S \\ I_S \end{bmatrix} = \begin{bmatrix} 1 + \dfrac{ZY}{2} & Z \\ Y + \dfrac{ZY^2}{4} & 1 + \dfrac{ZY}{2} \end{bmatrix} \begin{bmatrix} E_R \\ I_R \end{bmatrix} \tag{2.21}$$

Comparando as equações (2.15) e (2.21), obtemos:

$$Z=\sqrt{\frac{z}{y}}\ \mathrm{senh}\left(\sqrt{zy}\ \ell\right)$$

(2.22)

$$1+\frac{ZY}{2}=\cosh\left(\sqrt{zy}\ \ell\right)$$

Então:

$$\frac{Y}{2}=\frac{\cosh\left(\sqrt{zy}\ \ell\right)-1}{\sqrt{\frac{z}{y}}\ \mathrm{senh}\left(\sqrt{zy}\ \ell\right)}$$

$$\frac{\cosh(a)-1}{\mathrm{senh}(a)}=\frac{\dfrac{e^a+e^{-a}}{2}-1}{\dfrac{e^a-e^{-a}}{2}}=\frac{e^a+e^{-a}-2e^{\frac{a}{2}}e^{-\frac{a}{2}}}{e^a-e^{-a}}=\frac{(e^{\frac{a}{2}}-e^{-\frac{a}{2}})(e^{\frac{a}{2}}-e^{-\frac{a}{2}})}{(e^{\frac{a}{2}}-e^{-\frac{a}{2}})(e^{\frac{a}{2}}+e^{-\frac{a}{2}})}=$$

$$=\frac{\dfrac{e^{\frac{a}{2}}-e^{-\frac{a}{2}}}{2}}{\dfrac{e^{\frac{a}{2}}+e^{-\frac{a}{2}}}{2}}=\frac{\mathrm{senh}\left(\dfrac{a}{2}\right)}{\cosh\left(\dfrac{a}{2}\right)}=\tanh\left(\dfrac{a}{2}\right)$$

Então:

$$\frac{Y}{2}=\sqrt{\frac{y}{z}}\ \tanh\left(\frac{\sqrt{zy}\ \ell}{2}\right)$$

(2.23)

Algumas constantes são definidas, como segue:

$Z_0 = \sqrt{\dfrac{z}{y}}$ impedância característica

$\gamma = \sqrt{zy} = \alpha + j\beta$ constante de propagação

α constante de atenuação

$\lambda = \dfrac{2\pi}{\beta}$ comprimento de onda

$v = \lambda f$ velocidade de propagação

Então para determinarmos o circuito π equivalente de uma linha de transmissão, sendo dados os parâmetros distribuídos (z, em Ω/km e y, em S/km) e o comprimento da linha (ℓ, em km), basta aplicarmos as equações (2.22) e (2.23).

Similarmente podemos encontrar o modelo T equivalente mostrado na Figura 2.4, com os mesmos parâmetros Z e Y do correspondente modelo π equivalente.

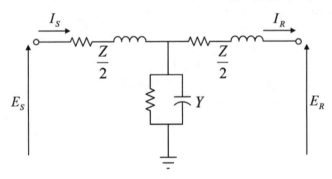

Figura 2.4 – Modelo T equivalente de uma LT

2.2 Campos nas Imediações de Linhas Aéras de Transmissão

Os campos elétrico e magnético gerados por linhas aéreas de transmissão são fenômenos que devem ser considerados no seu projeto. À medida que há a necessidade

Capítulo 2 - Modelos de Linhas de Transmissão | 39

de aumentar a tensão de operação da linha, por motivos técnico-econômicos, esses fenômenos ficam mais evidenciados e relevantes. Hoje em dia existe uma grande preocupação dos órgãos públicos de saúde em saber se eles causam mal para o ser humano, mas ainda não se tem uma resposta para esse questionamento. As leis de Ampère, Gauss, Faraday e Lenz, bem como as equações de Maxwell são usadas no desenvolvimento das equações do cálculo dos campos elétrico e magnético.

2.2.1 Campo Elétrico

O campo elétrico gerado por linhas aéreas de transmissão em CA são calculados levando em consideração que não há cargas livres no espaço ao se redor. Geralmente se considera a Terra como um condutor perfeito. Essa aproximação é válida se for negligenciado o tempo que as cargas levam para se redistribuírem na superfície da Terra quando são submetidas a uma variação de campo elétrico. Esse tempo realmente é muito pequeno, da ordem de alguns nano segundos, quando comparado com o período de oscilação da tensão alternada geradora do campo elétrico, que é de 16,67 milissegundos para uma frequência de operção de 60 Hz. A permissividade elétrica no vácuo é praticamente invariante quando comparada com a do ar, mesmo em altitudes e temperaturas ambientes diferentes. O seu valor é dado por:

$$\varepsilon = 8,8541878176 \cdot 10^{-12} \text{ F/m}$$

Todos os condutores da linha de transmissão, incluindo os cabos para-raios no potencial da Terra, devem ser considerados no cálculo com as respectivas tensões sendo variáveis complexas, isto é, com parte real e parte imaginária. No passado, quando não se dispunha de computadores para fazer os cálculos, era comum se utilizar a expressão do diâmetro equivalente, quando a mesma fase era composta por feixe de condutores dispostos em polígono regular. O diâmetro equivalente é dado por:

$$d_{eq} = D \sqrt[n]{\frac{n\,d}{D}}$$

Onde:

D – diâmetro do círculo que envolve o polígono;
n – número de condutores do feixe;
d – diâmetro de cada condutor.

Sistemas Elétricos de Potência e seus Principais Componentes

Para uma linha de transmissão composta por condutores paralelos acima de um

plano que representa a Terra em condições perfeitas, os coeficientes de potencial de

Maxwell podem ser calculados por $P_{ii} = \dfrac{1}{2\pi\varepsilon}\ln\left(\dfrac{2h_i}{r_i}\right) = \dfrac{1}{2\pi\varepsilon}\ln\left(\dfrac{4y_i}{d_i}\right)$ que é o elemento

próprio do condutor i e $P_{ik} = \dfrac{1}{2\pi\varepsilon}\ln\left(\dfrac{d'_{ik}}{d_{ik}}\right) = \dfrac{1}{2\pi\varepsilon}\ln\left(\sqrt{\dfrac{(x_i - x_k)^2 + (y_i + y_k)^2}{(x_i - x_k)^2 + (y_i - y_k)^2}}\right)$ que é

o elemento mútuo entre os condutores i e k. Podemos então definir uma matriz A, onde

os elementos da diagonal são dados por $A_{ii} = \ln\left(\dfrac{4y_i}{d_i}\right)$ e os de fora da diagonal são

dados por $A_{ik} = \ln\left(\sqrt{\dfrac{(x_i - x_k)^2 + (y_i + y_k)^2}{(x_i - x_k)^2 + (y_i - y_k)^2}}\right)$. Com isso, temos que $[P] = \dfrac{1}{2\pi\varepsilon}[A]$.

Esses coeficientes são calculados utilizando a teoria das imagens. Assumindo a Terra como condutor perfeito, então, aparecem refletidas em relação ao seu plano, cargas com sinais contrários, como mostra a Figura 2.5. Podemos observar que o elemento próprio da matriz é calculado pela relação entre a distância do condutor à sua própria imagem $(2h_i)$ com o seu raio (r_i), enquanto que o elemento mútuo leva em consideração a relação entre a distância do condutor i à imagem do condutor k e a distância entre os condutores i e k. Cabe ressaltar que a altura dos cabos condutores é calculada em função do terreno por onde passa a linha de transmissão, isto é, se o terreno for plano, deve ser levada em consideração a curva catenária que é descrita pelo cabo entre as torres adjacentes. Portanto, nesse caso deve ser descontado da altura do condutor preso na cadeia de isoladores da torre ao solo, uma parcela relativa a dois terços da flecha formada pela catenária. Com isso, pode ser obtida uma altura média do vão e considerar que os cabos estão dispostos na horizontal.

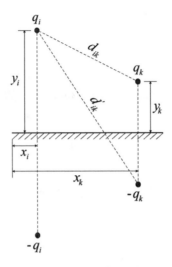

Figura 2.5 – Carga dos condutores e suas imagens

Uma equação matricial formada por elementos complexos, relacionando as cargas nos condutores e as respectivas tensões, pode ser escrita utilizando a matriz de coeficientes de potencial de Maxwell.

$$[Q] = [P]^{-1}[V] \tag{2.24}$$

Com:

[Q] – vetor de cargas
[P] – matriz de coeficientes de potencial de Maxwell
[V] – vetor de tensões

Sabemos que por definição a capacitância é a relação entre a carga e a tensão, sendo dada por $[Q] = [C][V]$. Então, a partir da equação (2.24) podemos obter $[C] = [P]^{-1}$. Portanto, a matriz de capacitâncias é obtida tomando-se o inverso da matriz de coeficientes de potencial de Maxwell.

A solução da equação (2.24) fornece os valores das cargas de todos os condutores. Com isso, podemos calcular o campo elétrico $\vec{E}$ em um ponto N qualquer do espaço, cuja posição é dada por suas coordenadas (x_N, y_N). Por causa da carga no condutor i e sua imagem dentro do solo, surge o campo elétrico dado por:

$$\vec{E}_i = \widetilde{E}_{x,i}\vec{u}_x + \widetilde{E}_{y,i}\vec{u}_y$$

Onde $\vec{u}_x$ e $\vec{u}_y$ são vetores unitários ao longo dos eixos horizontal e vertical, e $\widetilde{E}_{x,i}$ e $\widetilde{E}_{y,i}$ são dados por:

$$\widetilde{E}_{x,i} = \frac{q_i(x_N - x_i)}{2\pi\varepsilon[(x_i - x_N)^2 + (y_i - y_N)^2]} - \frac{q_i(x_N - x_i)}{2\pi\varepsilon[(x_i - x_N)^2 + (y_i + y_N)^2]}$$

$$\widetilde{E}_{y,i} = \frac{q_i(y_N - y_i)}{2\pi\varepsilon[(x_i - x_N)^2 + (y_i - y_N)^2]} - \frac{q_i(y_N + y_i)}{2\pi\varepsilon[(x_i - x_N)^2 + (y_i + y_N)^2]}$$

As componentes horizontal e vertical são calculadas pelo somatório das contribuições de cada condutor.

$$\widetilde{E}_x = \sum_{k=1}^{n} \widetilde{E}_{x,k}$$

$$\tilde{E}_y = \sum_{k=1}^{n} \tilde{E}_{y,k}$$

A contribuição do condutor i no cálculo do potencial V em um ponto N qualquer do espaço, cuja posição é dada por suas coordenadas (x_N, y_N), é dado por:

$$V_{N,i} = \frac{q_i}{2\pi\varepsilon}\ln\frac{\sqrt{(x_i - x_N)^2 + (y_i - y_N)^2}}{y_i} - \frac{q_i}{2\pi\varepsilon}\ln\frac{\sqrt{(x_i - x_N)^2 + (y_i + y_N)^2}}{y_i}$$

A contribuição total dos condutores no cálculo do potencial no ponto é calculada por:

$$V_N = \sum_{k=1}^{n} V_{N,k}$$

Como o interesse está na avaliação dos módulos do campo elétrico e do potencial, podemos calculá-los da seguinte forma:

$$|\vec{E}_N| = \sqrt{|\tilde{E}_x|^2 + |\tilde{E}_y|^2}$$

$|V_N| = \sqrt{V_R^2 + V_I^2}$; sendo V_R e V_I as componentes real e imaginária do potencial, respectivamente.

O cálculo do campo elétrico no nível do solo fica simplificado, uma vez que as contribuições na direção horizontal se anulam, como mostra a Figura 2.6.

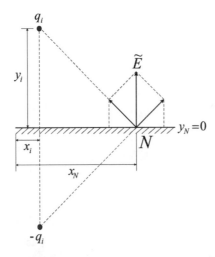

Figura 2.6 – Cálculo do campo elétrico no solo

A seguir apresentamos um exemplo de cálculo do campo elétrico gerado por 2 circuitos de 345 kV (com 2 condutores por fase) e 2 circuitos de 138 kV, todos na mesma torre que também carrega 2 cabos para-raios. Os condutores de fase dos circuitos de 345 kV têm raio de 1,91 cm e os dos circuitos de 138 kV de 1,48 cm. Já os cabos para-raios têm raio de 0,715 cm. A Figura 2.7 apresenta uma configuração com a posição dos cabos na torre e a respectiva distribuição de fases em equilíbrio geométrico.

44 | Sistemas Elétricos de Potência e seus Principais Componentes

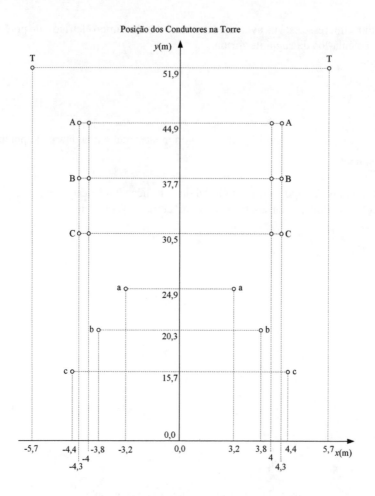

Figura 2.7 – Posicionamento dos condutores para a configuração 1

A Figura 2.8 apresenta o campo elétrico no nível do solo. Podemos observar uma simetria em relação ao eixo da linha. O valor máximo de campo elétrico ficou em torno de 1,5 kV/m na parte central da linha.

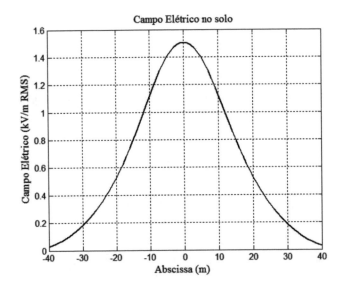

Figura 2.8 – Campo elétrico no nível do solo para a configuração 1

A Figura 2.9 mostra as linhas de mesmo campo elétrico nos níveis de 100, 50, 20, 15, 10, 5, 2 e 1 kV/m. Podemos observar uma simetria nas linhas de campo elétrico em relação ao eixo da linha de transmissão devido à configuração das fases ser simétrica.

A Figura 2.10 mostra as linhas de mesmo potencial nos níveis de 150, 75, 20, 15, 10, 5, 2 e 1 kV. A simetria nas linhas de potencial também pode ser observada.

Na Figura 2.11 é mostrada a superfície de campo elétrico gerado pela linha aérea de transmissão.

A superfície de potencial nas imediações dos circuitos de transmissão pode ser vista na Figura 2.12.

46 | Sistemas Elétricos de Potência e seus Principais Componentes

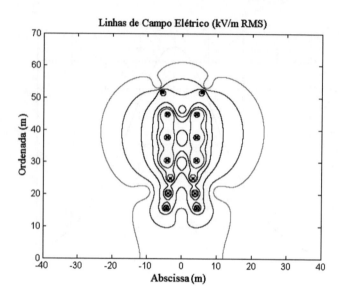

Figura 2.9 – Linhas de campo elétrico para a configuração 1

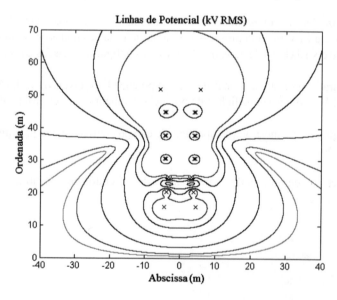

Figura 2.10 – Linhas de potencial para a configuração 1

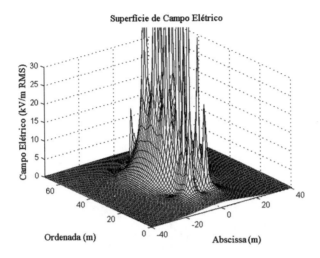

Figura 2.11 – Superfície de campo elétrico para a configuração 1

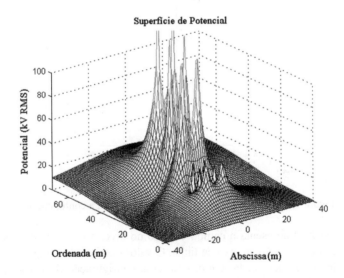

Figura 2.12 – Superfície de potencial para a configuração 1

A Figura 2.13 apresenta uma configuração com a posição dos cabos na torre e a respectiva distribuição de fases em desequilíbrio geométrico. Essa distribuição de fases favorece uma redução dos níveis de campo elétrico e de potencial, quando comparada com a configuração equilibrada.

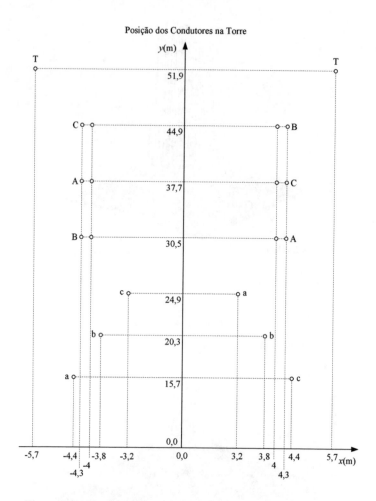

Figura 2.13 – Posicionamento dos condutores para a configuração 2

A Figura 2.14 apresenta o campo elétrico no nível do solo. Podemos observar uma assimetria em relação ao eixo da linha. O valor máximo de campo elétrico ficou um pouco acima 0,5 kV/m. Portanto, com essa configuração de fases houve uma acentuada redução no seu valor máximo, quando comparada com a configuração simétrica das fases.

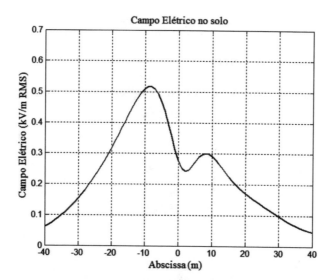

Figura 2.14 – Campo elétrico no nível do solo para a configuração 2

A Figura 2.15 mostra as linhas de mesmo campo elétrico nos níveis de 100, 50, 20, 15, 10, 5, 2 e 1 kV/m. Podemos observar uma assimetria nas linhas de campo elétrico devido à configuração das fases da linha de transmissão ser assimétrica.

A Figura 2.16 mostra as linhas de mesmo potencial nos níveis de 150, 75, 20, 15, 10, 5, 2 e 1 kV. A assimetria nas linhas de potencial também pode ser observada.

Na Figura 2.17 é mostrada a superfície de campo elétrico gerado pela linha aérea de transmissão para essa configuração de fases de forma assimétrica.

A superfície de potencial nas imediações dos circuitos de transmissão pode ser vista na Figura 2.18, confirmando também a sua assimetria.

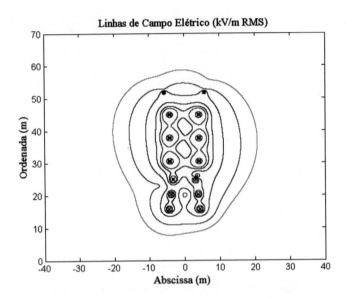

Figura 2.15 – Linhas de campo elétrico para a configuração 2

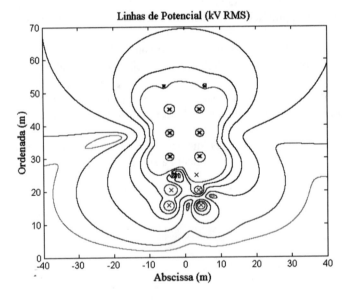

Figura 2.16 – Linhas de potencial para a configuração 2

Capítulo 2 - Modelos de Linhas de Transmissão | 51

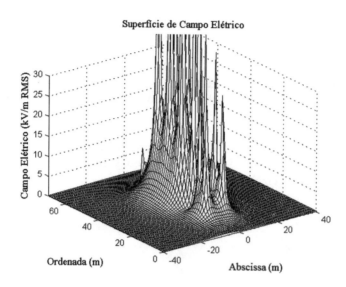

Figura 2.17 – Superfície de campo elétrico para a configuração 2

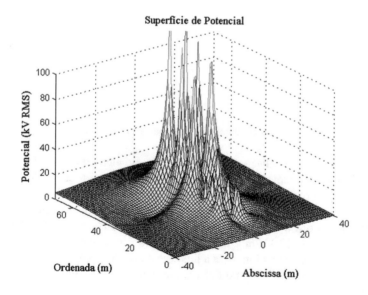

Figura 2.18 – Superfície de potencial para a configuração 2

Um estudo que pode ser feito é o da avaliação do campo elétrico gerado por uma linha aérea de transmissão que passa nas proximidades de grandes edifícios. Dado à dificuldade de se saber a influência da edificação no comportamento do campo elétrico, duas hipóteses podem ser adotadas: a primeira considerando o edifício como terra perfeito e a segunda sem considerar nenhuma interação do edifício com a linha. Como essas duas hipóteses são limítrofes, sabemos então que o caso real estará compreendido entre esses dois casos.

Para o caso em que consideramos o prédio como terra perfeito, adotaremos a teoria das imagens como mostra a Figura 2.19, onde a parede do prédio aparece a uma distância d_0 do eixo de referência.

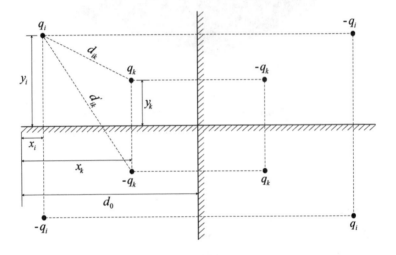

Figura 2.19 – Carga dos condutores e suas imagens com o prédio como terra

O propósito desta análise é de observar o campo elétrico na parede do prédio para as duas hipóteses adotadas, considerando o prédio a uma distância de 10 metros em relação ao eixo da linha de transmissão. A Figura 2.20 apresenta o resultado do campo elétrico na parede do prédio, sendo a curva contínua a que considera o prédio como terra perfeito e a tracejada a que ignora a presença do prédio. Um valor ligeiramente acima de 12 kV/m é observado para o campo elétrico máximo a uma altura de aproximadamente 45 m, para a hipótese do prédio como terra perfeito. Para a outra hipótese, esse valor máximo fica em torno de 7 kV/m, a uma altura por volta de 38 metros.

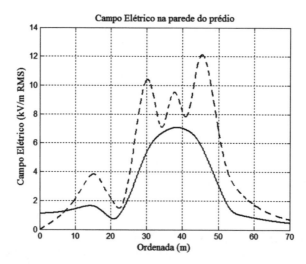

Figura 2.20 – Campo elétrico na parede do prédio para a configuração 1

As curvas de potencial na parede do prédio podem ser vistas na Figura 2.21. Como era de se esperar, podemos observar que no caso da hipótese do prédio ser considerado como terra perfeito, o potencial na superfície da parede é nulo. O potencial máximo fica em torno de 38 kV para uma altura do solo de aproximadamente 47 metros quando é ignorada a presença do prédio nos cálculos.

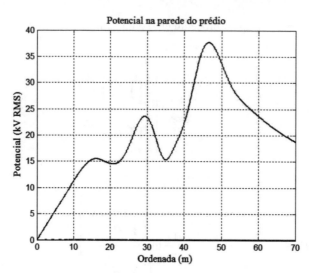

Figura 2.21 – Potencial na parede do prédio para a configuração 1

Quando se tem fases compostas por mais de um condutor (normalmente isso é feito para redução de efeito corona), uma forma aproximada com a finalidade de redução dos cálculos pode ser realizada, considerando que a distribuição de cargas nos condutores da mesma fase é igual. Com isso, podemos realizar a seguinte operação para redução dos condutores geminados:

$$
\begin{bmatrix} V_a \\ V_a \\ \vdots \\ V_a \end{bmatrix} = \begin{bmatrix} P_{11} & P_{12} & \cdots & P_{1m} \\ P_{21} & P_{22} & \cdots & P_{2m} \\ \vdots & \vdots & \ddots & \vdots \\ P_{m1} & P_{m2} & \cdots & P_{mm} \end{bmatrix} \begin{bmatrix} q_1 \\ q_2 \\ \vdots \\ q_m \end{bmatrix}
$$

$$
V_a \approx \frac{q_a}{m}(P_{11} + P_{12} + \cdots + P_{1m}) = \frac{1}{2\pi\varepsilon\, m}\sum_{k=1}^{m}\ln\left(\frac{d'_{1k}}{d_{1k}}\right) = \frac{1}{2\pi\varepsilon\, m}\ln\left(\frac{\prod\limits_{k=1}^{m} d'_{1k}}{\prod\limits_{k=1}^{m} d_{1k}}\right) =
$$

$$
= \frac{1}{2\pi\varepsilon}\ln\left[\frac{\left(\prod\limits_{k=1}^{m} d'_{1k}\right)^{\frac{1}{m}}}{\left(\prod\limits_{k=1}^{m} d_{1k}\right)^{\frac{1}{m}}}\right]
$$

Podemos adotar o mesmo procedimento para as linhas restantes do sistema de equações.

$$
V_a \approx \frac{q_a}{m}(P_{21} + P_{22} + \cdots + P_{2m}) = \frac{1}{2\pi\varepsilon}\ln\left[\frac{\left(\prod\limits_{k=1}^{m} d'_{2k}\right)^{\frac{1}{m}}}{\left(\prod\limits_{k=1}^{m} d_{2k}\right)^{\frac{1}{m}}}\right]
$$

$$
\vdots
$$

$$
V_a \approx \frac{q_a}{m}(P_{m1} + P_{m2} + \cdots + P_{mm}) = \frac{1}{2\pi\varepsilon}\ln\left[\frac{\left(\prod\limits_{k=1}^{m} d'_{mk}\right)^{\frac{1}{m}}}{\left(\prod\limits_{k=1}^{m} d_{mk}\right)^{\frac{1}{m}}}\right]
$$

Somando todas as linhas, obtemos:

$$mV_a = \frac{1}{2\pi\varepsilon}\ln\left(\frac{\left(\prod_{k=1}^{m}d'_{1k}\right)^{\frac{1}{m}}}{\left(\prod_{k=1}^{m}d_{1k}\right)^{\frac{1}{m}}}\right) + \frac{1}{2\pi\varepsilon}\ln\left(\frac{\left(\prod_{k=1}^{m}d'_{2k}\right)^{\frac{1}{m}}}{\left(\prod_{k=1}^{m}d_{2k}\right)^{\frac{1}{m}}}\right) + \cdots + \frac{1}{2\pi\varepsilon}\ln\left(\frac{\left(\prod_{k=1}^{m}d'_{mk}\right)^{\frac{1}{m}}}{\left(\prod_{k=1}^{m}d_{mk}\right)^{\frac{1}{m}}}\right)$$

$$V_a = \frac{1}{2\pi\varepsilon\, m}\left[\ln\left(\frac{\left(\prod_{k=1}^{m}d'_{1k}\right)^{\frac{1}{m}}}{\left(\prod_{k=1}^{m}d_{1k}\right)^{\frac{1}{m}}}\right) + \ln\left(\frac{\left(\prod_{k=1}^{m}d'_{2k}\right)^{\frac{1}{m}}}{\left(\prod_{k=1}^{m}d_{2k}\right)^{\frac{1}{m}}}\right) + \cdots + \ln\left(\frac{\left(\prod_{k=1}^{m}d'_{mk}\right)^{\frac{1}{m}}}{\left(\prod_{k=1}^{m}d_{mk}\right)^{\frac{1}{m}}}\right)\right]$$

$$V_a = \frac{1}{2\pi\varepsilon}\left[\ln\left(\frac{\left(\prod_{k=1}^{m}d'_{1k}\right)^{\frac{1}{m}}}{\left(\prod_{k=1}^{m}d_{1k}\right)^{\frac{1}{m}}}\right) + \ln\left(\frac{\left(\prod_{k=1}^{m}d'_{2k}\right)^{\frac{1}{m}}}{\left(\prod_{k=1}^{m}d_{2k}\right)^{\frac{1}{m}}}\right) + \cdots + \ln\left(\frac{\left(\prod_{k=1}^{m}d'_{mk}\right)^{\frac{1}{m}}}{\left(\prod_{k=1}^{m}d_{mk}\right)^{\frac{1}{m}}}\right)\right]^{\frac{1}{m}}$$

$$V_a = \frac{1}{2\pi\varepsilon}\ln\left(\frac{\left(\prod_{k=1}^{m}d'_{1k}\right)^{\frac{1}{m}}}{\left(\prod_{k=1}^{m}d_{1k}\right)^{\frac{1}{m}}}\times\frac{\left(\prod_{k=1}^{m}d'_{2k}\right)^{\frac{1}{m}}}{\left(\prod_{k=1}^{m}d_{2k}\right)^{\frac{1}{m}}}\times\cdots\times\frac{\left(\prod_{k=1}^{m}d'_{mk}\right)^{\frac{1}{m}}}{\left(\prod_{k=1}^{m}d_{mk}\right)^{\frac{1}{m}}}\right)^{\frac{1}{m}}$$

Com isso, chegamos a:

$$V_a = \frac{1}{2\pi\varepsilon} \ln\left(\frac{\left[\prod_{i=1}^{m}\left(\prod_{k=1}^{m} d'_{ik}\right)\right]^{\frac{1}{m^2}}}{\left[\prod_{i=1}^{m}\left(\prod_{k=1}^{m} d_{ik}\right)\right]^{\frac{1}{m^2}}}\right) = \frac{1}{2\pi\varepsilon} \ln\left(\frac{D_{aa}}{d_{aa}}\right)$$

Onde D_{aa} e d_{aa} são as distâncias médias geométricas (GMD). Sendo D_{aa} a GMD mútua entre os m condutores geminados da mesma fase e suas respectivas imagens, e d_{aa} a GMD própria entre os m condutores geminados da mesma fase.

Devemos observar que quando $i = k$, o valor de d_{ii} é igual ao diâmetro do condutor i.

2.2.2 Campo Magnético

O campo magnético gerado por linhas aéreas de alta tensão é calculado usando a análise bidimensional assumindo que os seus condutores são paralelos e acima de um plano uniforme que representa a Terra como um condutor ideal. O sistema de coordenadas é mostrado na Figura 2.22, onde o eixo z é paralelo aos condutores da linha de transmissão, a força de campo magnético representada por $\vec{H}_{j,i}$ no ponto do espaço (x_j, y_j), a uma distância $\vec{r}_{j,i}$ do condutor, localizado no ponto do espaço (x_i, y_i), por onde passa uma corrente $\vec{I}_i$.

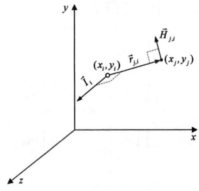

Figura 2.22 – Sistema de coordenadas para o cálculo do campo magnético

A força de campo magnético tem uma amplitude dada pela seguinte expressão:

$$H_{i,j} = \frac{I_i}{2\pi\, r_{i,j}}$$

Em notação vetorial, temos:

$$\vec{H}_{j,i} = \frac{\vec{I}_i \times \vec{r}_{j,i}}{2\pi\, r_{i,j}^{\ 2}} = \frac{I_i}{2\pi\, r_{i,j}}\, \vec{\phi}_{i,j} \tag{2.25}$$

Onde $\vec{\phi}_{i,j}$ é um vetor na direção do produto vetorial da corrente elétrica $\vec{I}_i$ com a distância $\vec{r}_{j,i}$. Em função dos vetores unitários, temos:

$$\vec{\phi}_{i,j} = -\frac{y_i - y_j}{r_{i,j}}\, \vec{u}_x + \frac{x_i - x_j}{r_{i,j}}\, \vec{u}_y$$

Onde $\vec{u}_x$ e $\vec{u}_y$ são os vetores unitários na direção dos eixos horizontal e vertical, respectivamente.

O campo magnético total é dado pela soma de todas as contribuições de corrente em cada condutor da linha, isto é:

$$\vec{H}_j = \sum_{i=1}^{n} \frac{I_i}{2\pi\, r_{i,j}}\, \vec{\phi}_{i,j}\;,\; \text{com } n \text{ sendo o número de condutores.}$$

A densidade de fluxo magnético é calculada por:

$$\vec{B} = \mu\, \vec{H}\ \ \text{Wb/m}^2$$

Onde $\mu = 4\pi 10^{-7}$ H/m é a permeabilidade magnética do ar que é considerada igual à da Terra.

Na maioria dos casos práticos, o campo magnético nas proximidades de linhas aéreas trifásicas balanceadas pode ser calculado considerando apenas as correntes nos cabos condutores e para-raios, negligenciando as correntes no solo. A precisão do cálculo do campo magnético é afetada pela presença das correntes de retorno pelo solo, especialmente a grandes distâncias da linha de transmissão. Essas correntes são distribuídas no solo em sistemas trifásicos equilibrados, cuja corrente total de retorno é nula. A contabilização do retorno pelo solo pode ser feita utilizando as equações de Carson. O campo magnético produzido por cada condutor e seu retorno pelo solo é expresso pela seguinte equação:

$$\vec{H}_{j,i} = \frac{I_i}{2\pi\, r_{i,j}}\vec{\phi}_{i,j} - \frac{I_i}{2\pi\, r_{i,j}'}\left[1 + \frac{1}{3}\left(\frac{2}{\gamma\, r_{i,j}'}\right)^4\right]\vec{\phi}_{i,j}' \tag{2.26}$$

O primeiro termo dessa equação coincide com o da equação (2.25) e é suficiente para calcular o campo magnético nas proximidades de linhas aéreas em pontos de até 100 metros de distância. O segundo termo representa um fator de correção que contabiliza as correntes de retorno pelo solo. O parâmetro γ (constante de propagação) é calculado com auxílio da equação (2.27), onde σ é a condutividade do solo (que varia entre 0,001 a 0,02 S/m) e ε é a permissividade elétrica do solo (a mesma do ar, isto é, $\varepsilon \cong 8,85 \times 10^{-12}$ F/m).

$$\gamma = \sqrt{j\,\omega\mu\,(\sigma + j\,\omega\varepsilon)} \tag{2.27}$$

A equação (2.28) mostra que $r_{i,j}'$ também é um número complexo dado por:

$$r_{i,j}' = \sqrt{(x_i - x_j)^2 + \left(y_i + y_j + \frac{2}{\gamma}\right)^2} \tag{2.28}$$

O cálculo do operador complexo $\vec{\phi}_{i,j}'$ é mostrado na equação (2.29), a seguir:

$$\vec{\phi}_{i,j}' = -\frac{y_i + y_j + \dfrac{2}{\gamma}}{r_{i,j}'}\vec{u}_x + \frac{x_i - x_j}{r_{i,j}'}\vec{u}_y \tag{2.29}$$

O resultado da equação (2.26) é um número complexo indicando que o campo magnético H não está em fase com a corrente do condutor quando a resistividade é levada em consideração.

Usando a equação (2.26), podemos obter o valor do campo magnético total no ponto de observação fazendo-se a soma das contribuições de corrente de todos condutores, incluindo os para-raios.

A seguir apresentamos um exemplo de cálculo do campo magnético gerado por 2 circuitos de 345 kV (com 2 condutores por fase) e 2 circuitos de 138 kV, todos na mesma torre que também carrega 2 cabos para-raios. Cada circuito de 345 kV transporta uma potência de 800 MW e 300 Mvar, enquanto que os circuitos de 138 kV transportam 300 MW e 100 Mvar cada um. A Figura 2.23 apresenta a configuração com a posição dos cabos na torre e a respectiva distribuição de fases.

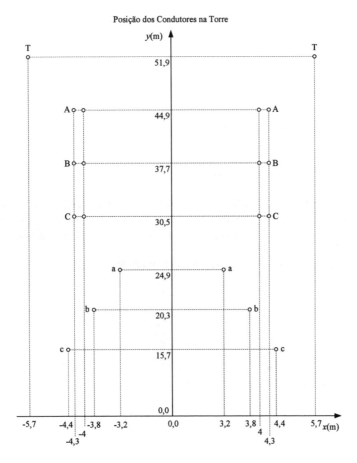

Figura 2.23 – Posicionamento dos condutores para a configuração 1

A Figura 2.24 apresenta o campo magnético no nível do solo. Podemos observar uma simetria em relação ao eixo da linha. O valor máximo de campo magnético ficou em torno de 11,2 A/m na parte central da linha.

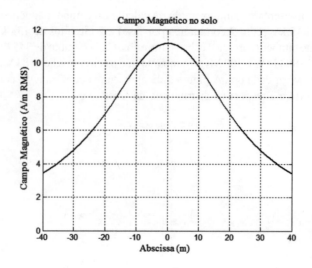

Figura 2.24 – Campo magnético no nível do solo para a configuração 1

A Figura 2.25 mostra as linhas de mesmo campo magnético nos níveis de 300, 200, 100, 50, 30, 20, 10 e 5 A/m. Podemos observar uma simetria nas linhas de campo magnético devido à configuração das fases da linha de transmissão ser simétrica.

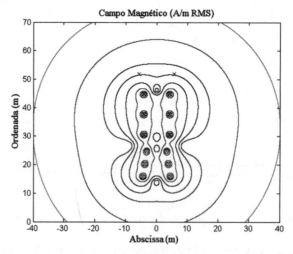

Figura 2.25 – Linhas de campo magnético para a configuração 1

Na Figura 2.26 é mostrada a superfície de campo magnético gerado pela linha aérea de transmissão.

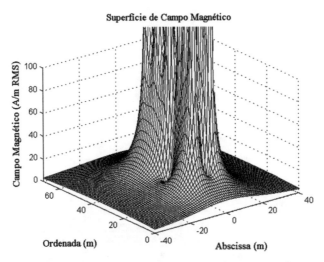

Figura 2.26 – Superfície de campo magnético para a configuração 1

A Figura 2.27 apresenta uma configuração com a posição dos cabos na torre e a respectiva distribuição de fases em desequilíbrio geométrico. Essa distribuição de fases também favorece uma redução dos níveis de campo magnético.

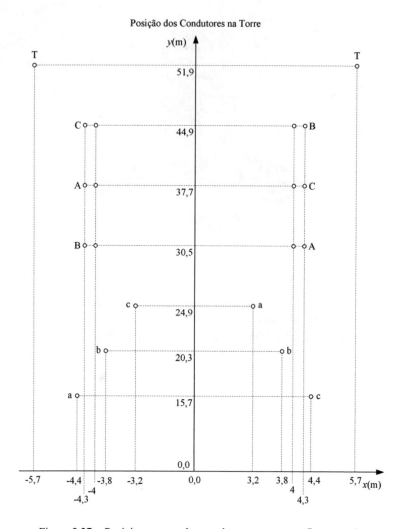

Figura 2.27 – Posicionamento dos condutores para a configuração 2

A Figura 2.28 apresenta o campo magnético no nível do solo. Podemos observar uma assimetria em relação ao eixo da linha. O valor máximo de campo magnético ficou em 5 A/m. Portanto, com essa configuração de fases houve uma acentuada redução no seu valor máximo, quando comparada com a configuração simétrica das fases.

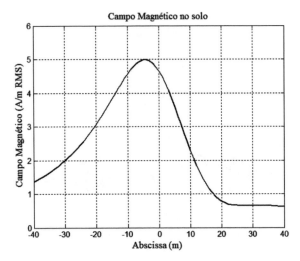

Figura 2.28 – Campo magnético no nível do solo para a configuração 2

A Figura 2.29 mostra as linhas de mesmo campo magnético nos níveis de 300, 200, 100, 50, 30, 20, 10 e 5 A/m. Podemos observar uma assimetria nas linhas de campo magnético devido à configuração das fases da linha de transmissão ser assimétrica.

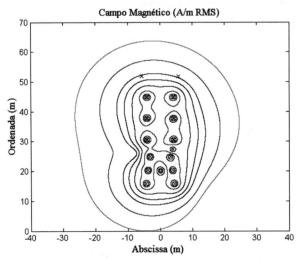

Figura 2.29 – Linhas de campo magnético para a configuração 2

Na Figura 2.30 é mostrada a superfície de campo magnético gerado pela linha aérea de transmissão para essa configuração de fases de forma assimétrica.

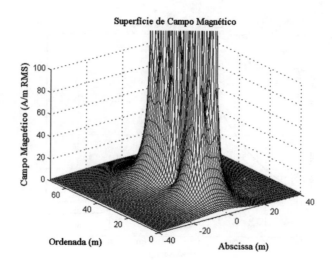

Figura 2.30 – Superfície de campo magnético para a configuração 2

A seguir mostraremos como calcular a indutância de uma linha aérea de transmissão de energia elétrica. Inicialmente vamos considerar apenas um condutor rígido infinito paralelo ao plano da Terra, considerada como um condutor perfeito. O fluxo alternado dentro de um condutor perfeito não existe, pois a sua permeabilidade magnética é nula. A Figura 2.31 mostra que se existe uma corrente circulando no condutor, então existe uma de retorno no sentido contrário, passando pela sua imagem. Com essa suposição, podemos retirar o plano da Terra e calcular o campo magnético resultante na região acima do solo.

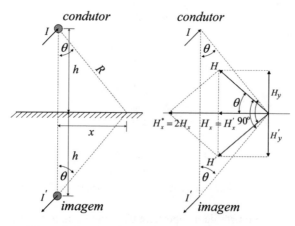

Figura 2.31 – Condutor acima da superfície da Terra

Capítulo 2 - Modelos de Linhas de Transmissão | 65

Pela lei de Ampère, o vetor campo magnético a uma distância radial R do condutor está direcionado no sentido horário (regra da mão direita) e seu módulo é dado por $H = \dfrac{I}{2\pi R}$. Também pela Figura 2.31 podemos observar que na superfície da Terra, devido ao condutor e sua imagem, as componentes horizontal e vertical de H são

$$H_x = H_x' = -\frac{I}{2\pi R}\cos\theta \therefore H_x^* = -\frac{2I}{2\pi R}\cos\theta = -\frac{I\,h}{\pi(x^2 + h^2)} \text{ e } H_y = -H_y' \therefore H_y^* = 0.$$

H_x é descontínuo da superfície da Terra para o seu interior, pois tanto B quanto H não existem dentro de um condutor perfeito. A descontinuidade tem que ser considerada como uma densidade de corrente superficial H_x. Então, a corrente total de superfície é calculada por:

$$\int_{-\infty}^{\infty} H_x dx = 2\int_{0}^{\infty} H_x dx = -\frac{2I\,h}{\pi}\int_{0}^{\infty} \frac{dx}{(x^2 + h^2)} = -I$$

O enlace de fluxo magnético do condutor, por unidade de comprimento é:

$$\phi = \frac{\mu\,I}{2\pi}\int_{r}^{h} \frac{dR}{R} + \frac{\mu\,I}{2\pi}\int_{h}^{2h} \frac{dR}{R} \text{ , onde } r \text{ é o raio do condutor, que não tem fluxo dentro.}$$

Com isso, podemos obter:

$$\phi = \frac{\mu\,I}{2\pi}(\ln h - \ln r + \ln 2h - \ln h) = \frac{\mu\,I}{2\pi}\ln\frac{2h}{r} \text{ Wb/m}$$

Como por definição a indutância é dada por $L = \dfrac{\phi}{I}$, então podemos obter a seguinte fórmula para a indutância por unidade de comprimento de um condutor com perfeito retorno pelo solo: $L = \dfrac{\mu}{2\pi} \ln \dfrac{2h}{r}$ H/m.

Agora, se tivermos vários condutores, poderemos encontrar as expressões das indutâncias próprias e mútuas. Vamos assumir, pela Figura 2.32, que a corrente I só circula no condutor i para calcularmos a sua influência no condutor k.

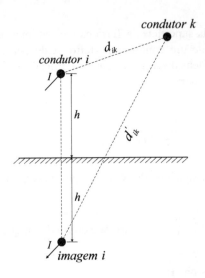

Figura 2.32 – 2 Condutores acima da superfície da Terra

O enlace de fluxo magnético no segundo condutor, devido à corrente que passa no primeiro, bem como o enlace de fluxo magnético no primeiro condutor, devido à corrente que passa no segundo é dado por:

$$\phi_{ki} = \phi_{ik} = \frac{\mu I}{2\pi} \int_d^h \frac{dR}{R} + \frac{\mu I}{2\pi} \int_h^D \frac{dR}{R} = \frac{\mu I}{2\pi}(\ln h - \ln d + \ln D - \ln h) = \frac{\mu I}{2\pi} \ln\left(\frac{d'_{ik}}{d_{ik}}\right) \text{ Wb/m}$$

A indutância mútua por unidade de comprimento é então:

$$L_{ik} = L_{ki} = \frac{\mu}{2\pi} \ln \left(\frac{d'_{ik}}{d_{ik}} \right) \text{ H/m}$$

A similaridade na forma entre as fórmulas da indutância por unidade de comprimento e dos coeficientes de potencial de Maxwell é evidente. Então, podemos dizer que $[L] = \frac{\mu}{2\pi}[A]$ H/m .

Os elementos da matriz $[A]$ são calculados por: $A_{ii} = \ln \left(\frac{2y_i}{r_i} \right)$ e $A_{kk} = \ln \left(\frac{2y_k}{r_k} \right)$ para os elementos da diagonal e $A_{ik} = \ln \left(\sqrt{\frac{(x_i - x_k)^2 + (y_i + y_k)^2}{(x_i - x_k)^2 + (y_i - y_k)^2}} \right)$ para os elementos de fora da diagonal.

Pela geometria apresentada na Figura 2.33, podemos verificar que $d_{ik} = \sqrt{(x_i - x_k)^2 + (y_i - y_k)^2}$ e $d'_{ik} = \sqrt{(x_i - x_k)^2 + (y_i + y_k)^2}$.

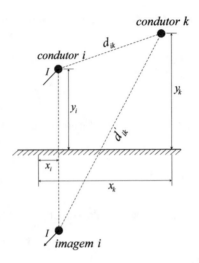

Figura 2.33 – Posição dos condutores acima da superfície da Terra

A densidade de corrente no interior de um condutor não é uniforme, pois ela depende da frequência da corrente. Esse fenômeno é chamado de efeito pelicular, pois quanto maior for o valor da frequência, existe a tendência da densidade de corrente ser maior na superfície do condutor. O cálculo exato da distribuição de corrente em um condutor cilíndrico requer a utilização das funções de Bessel. Podemos então fazer o cálculo assumindo que a corrente é contínua e posteriormente aplicarmos um fator de correção obtido pelas funções de Bessel como será apresentado mais adiante. A Figura 2.34 mostra o corte longitudinal em um condutor cilíndrico, de diâmetro D, para observação do comportamento da distribuição de corrente em sua seção reta, para correntes alternada (CA) e contínua (CC).

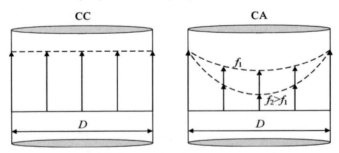

Figura 2.34 – Distribuição de corrente no interior de um condutor

Podemos admitir um efeito equivalente de redução da seção reta do condutor à medida que a frequência aumenta. Um caso extremo acontece para frequência da

Capítulo 2 - Modelos de Linhas de Transmissão | 69

ordem de MHz, onde é observada a inexistência de corrente em uma área circular interna do condutor. Neste caso, a corrente passa apenas pela área formada pela coroa circular.

O fluxo magnético interno ao condutor, que somente é parcialmente enlaçado com a corrente, contribui apenas com uma parcela adicional na indutância própria de cada um deles. Portanto, a indutância mútua não é afetada. Para condutores cilíndricos sólidos, com distribuição de corrente uniforme, essa indutância interna L_{i0} é dada por:

$$L_{i0} = \frac{\mu}{8\pi} = \frac{4\pi 10^{-7}}{8\pi} = 0,5 \times 10^{-7} \text{ H/m}$$

Então, podemos fazer a correção na equação da indutância própria do condutor, acrescentando a parcela L_{i0}:

$$L_{ii} = \frac{\mu}{8\pi} + \frac{\mu}{2\pi} \ln \left(\frac{2h_i}{r_i} \right) \text{ H/m} \quad \text{ou}$$

$$L_{ii} = \frac{\mu}{2\pi} \left[\frac{1}{4} + \ln \left(\frac{2h_i}{r_i} \right) \right] = \frac{\mu}{2\pi} \left[\ln \left(e^{\frac{1}{4}} \right) + \ln \left(\frac{2h_i}{r_i} \right) \right] = \frac{\mu}{2\pi} \ln \left(\frac{2h_i}{r_i} e^{\frac{1}{4}} \right)$$

$$L_{ii} = \frac{\mu}{2\pi} \ln \left(\frac{2h_i}{r_i'} \right), \text{ onde } r_i' = r_i e^{\frac{-1}{4}}.$$

Com isso, podemos adotar a mesma fórmula onde não se considera a indutância interna, modificando o valor do raio do condutor para $r_i' = r_i e^{\frac{-1}{4}} \approx r_i' = 0,7788 \, r$. Logo, podemos observar uma redução significativa no raio fictício do condutor quando se considera a indutância interna.

Para o cálculo da indutância própria de um cabo condutor, composto por vários fios, podemos adotar o mesmo procedimento feito no cálculo da distância média geométrica para eliminação dos condutores geminados na mesma fase, para fins de cálculo de campo elétrico.

O exemplo da Figura 2.35 mostra um cabo formado por 7 fios iguais de raio r inscritos em um círculo de raio $3r$. O raio fictício do cabo pode ser calculado utilizando o método da GMD. Para facilitar os cálculos, vamos montar a matriz de distâncias entre os fios, sendo a distância própria igual a $r\,e^{-1/4}$.

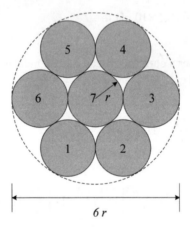

Figura 2.35 – Cabo formado por 7 fios

	1	2	3	4	5	6	7
1	a	b	c	d	c	b	b
2	b	a	b	c	d	c	b
3	c	b	a	b	c	d	b
4	d	c	b	a	b	c	b
5	c	d	c	b	a	b	b
6	b	c	d	c	b	a	b
7	b	b	b	b	b	b	a

Onde:

$d_{11} = d_{22} = \ldots = d_{77} = a = r\, e^{-1/4}$, com 7 ocorrências;
$d_{12} = d_{23} = \ldots = b = 2r$, com 24 ocorrências;
$d_{13} = d_{24} = \ldots = c = 2\sqrt{3}\ r$, com 12 ocorrências;
$d_{14} = d_{25} = \ldots = d = 4r$, com 6 ocorrências.

Portanto, o raio equivalente do condutor para fins de cálculo da indutância própria

é dado pela GMD. Então, $r_i' = \left[\prod\limits_{i=1}^{m} \left(\prod\limits_{k=1}^{m} d_{ik} \right) \right]^{\frac{1}{m^2}}$, sendo m o número de fios do

cabo, $r_i' = \left(a^7 b^{24} c^{12} d^6 \right)^{\frac{1}{7^2}} = r\left(e^{\frac{-7}{4}} 2^{24} 2^{12} 3^6 2^{12} \right)^{\frac{1}{49}} = r\left(e^{\frac{-1}{28}} 2^{\frac{48}{49}} 3^{\frac{6}{49}} \right) \approx 2,1767\ r$.

Com esse resultado podemos observar que o raio equivalente é bem menor do que o raio externo do cabo (3 r), formado pelos 7 fios. É também menor do que o raio de um cabo cilíndrico rígido de área equivalente à soma das áreas individuais de cada fio. Pois,
$S_t = \pi\, r_{eq}^2 = 7\pi\, r^2 \therefore r_{eq} = r\sqrt{7} \approx 2,64575\ r$.

Para o cálculo da indutância considerando a Terra como um condutor real, isto é, não sendo um condutor perfeito, significa que temos que considerar a influência da sua resistividade ρ. O problema do cálculo das impedâncias próprias e mútuas de condutores cilíndricos e paralelos à superfície da Terra com corrente de retorno foi resolvido independentemente e quase que simultaneamente por Carson e Pollaczek, em 1926. A consideração da resistividade do solo faz com que as correntes de retorno penetre no solo bem abaixo da superfície da Terra. O efeito dessa penetração é equivalente a se fazer o aumento das distâncias dos condutores às imagens, aumentando significativamente os valores das indutâncias próprias e mútuas. A expressão da distância de retorno pelo solo (D_E) é calculada por:

$$D_E = 659\sqrt{\dfrac{\rho}{f}}$$

Onde:

ρ – resistividade do material condutor, em Ω.m;
f – frequência, em Hz.

Para frequências usuais e alturas típicas de condutores de linhas aéreas de transmissão, os valores das distâncias dos condutores às imagens são muitas vezes maior do que o dobro das respectivas alturas ao solo. Com isso, podemos usar as seguintes expressões para o cálculo das indutâncias:

$$L_{ii} = \frac{\mu}{8\pi} + \frac{\mu}{2\pi} \ln\left(\frac{2 D_E}{r_i}\right) \text{ H/m} \quad \text{para as próprias; e} \quad L_{ij} = \frac{\mu}{2\pi} \ln\left(\frac{D_E}{d_{ij}}\right) \text{ H/m}$$

para as mútuas.

Onde:

D_E – distância de retorno por terra;
r_i – raio do condutor;
d_{ij} – distância entre os condutores i e j;
μ – permeabilidade magnética do condutor.

A Tabela 2.1 mostra alguns valores de D_E para valores típicos e extremos de resistividade do solo, para frequência de 60 Hz.

Tabela 2.1 – Valores de D_E

Condição	Tipo do meio	ρ (Ω.m)	D_E (m)
Típica	Solo comum	10 a 1.000	269 a 2.690
Extrema	Rocha	até 10.000	até 8.507
	Água do mar	menor que 0,25	menor que 43

Nas fórmulas de cálculo das indutâncias considerou-se a densidade de corrente uniforme. Porém, como já foi dito, o efeito pelicular faz com que a distribuição da corrente não seja uniforme, pois a densidade de corrente na superfície é maior do que no interior do condutor, fazendo com que a sua resistência aumente e a indutância

Capítulo 2 - Modelos de Linhas de Transmissão | 73

interna diminua. A relação entre as resistências de corrente alternada e contínua e entre as indutâncias de corrente alternada e contínua são, respectivamente:

$$\frac{R}{R_0} = \frac{mr}{2} \left[\frac{\text{ber}(mr)\,\text{bei}'(mr) - \text{bei}(mr)\,\text{ber}'(mr)}{\left[\text{bei}'(mr)\right]^2 + \left[\text{ber}'(mr)\right]^2} \right]$$

$$\frac{L}{L_{i0}} = \frac{4}{mr} \left[\frac{\text{bei}(mr)\,\text{bei}'(mr) - \text{ber}(mr)\,\text{ber}'(mr)}{\left[\text{bei}'(mr)\right]^2 + \left[\text{ber}'(mr)\right]^2} \right]$$

$R_0 = \dfrac{\rho}{\pi\,r^2}$ é a resistência em corrente contínua por unidade de comprimento, sendo r o raio do condutor e ρ a resistividade do material condutor; m é definido como

$$m = \sqrt{\frac{\omega\,\mu}{\rho}} \ . \ \text{ Então, } \ mr = r\sqrt{\frac{\omega\,\mu}{\rho}} = r\sqrt{\frac{2\pi\,f\,\mu}{\rho}} = r\sqrt{\frac{2\pi\,f\,\mu}{\pi\,r^2 R_0}} = \sqrt{\frac{2\,f\,\mu}{R_0}} \ .$$

$L_{i0} = \dfrac{\mu}{8\pi}$ é a indutância interna em corrente contínua por unidade de comprimento e μ a permeabilidade magnética do material condutor. É comum se definir também a permeabilidade magnética relativa como $\mu_r = \dfrac{\mu}{\mu_0}$, onde μ_0 é a permeabilidade magnética do vácuo. A prática nos mostra que esses valores não diferem muito e, portanto, o valor de μ_r é muito próximo da unidade para os materiais condutores.

As funções de Bessel utilizadas nos cálculos são séries infinitas mostradas a seguir:

$$\text{ber}(mr) = 1 - \frac{(mr)^4}{2^2 \times 4^2} + \frac{(mr)^8}{2^2 \times 4^2 \times 6^2 \times 8^2} - \cdots =$$

$$= 1 + \sum_{i=1}^{\infty} \frac{(-1)^i (mr)^{4i}}{\prod_{j=1}^{i} (4j-2)^2 (4j)^2}$$

$$\text{bei}(mr) = \frac{(mr)^2}{2^2} - \frac{(mr)^6}{2^2 \times 4^2 \times 6^2} + \frac{(mr)^{10}}{2^2 \times 4^2 \times 6^2 \times 8^2 \times 10^2} - \cdots =$$

$$= \frac{(mr)^2}{2^2} + \sum_{i=1}^{\infty} \frac{(-1)^i (mr)^{4i+2}}{2^2 \prod_{j=1}^{i} (4j)^2 (4j+2)^2}$$

As suas derivadas são:

$$\text{ber'}(mr) = -\frac{4(mr)^3}{2^2 \times 4^2} + \frac{8(mr)^7}{2^2 \times 4^2 \times 6^2 \times 8^2} - \cdots =$$

$$= \sum_{i=1}^{\infty} \frac{(-1)^i 4i (mr)^{4i-1}}{\prod_{j=1}^{i} (4j-2)^2 (4j)^2}$$

$$\text{bei'}(mr) = \frac{(mr)}{2} - \frac{6(mr)^5}{2^2 \times 4^2 \times 6^2} + \frac{10(mr)^9}{2^2 \times 4^2 \times 6^2 \times 8^2 \times 10^2} - \cdots =$$

$$= \frac{(mr)}{2} + \sum_{i=1}^{\infty} \frac{(-1)^i (4i+2)(mr)^{4i+1}}{2^2 \prod_{j=1}^{i} (4j)^2 (4j+2)^2}$$

A Figura 2.36 e a Figura 2.37 mostram os fatores de correção para a resistência e indutância, respectivamente, variando com *mr*, que depende da resistividade do solo e da frequência.

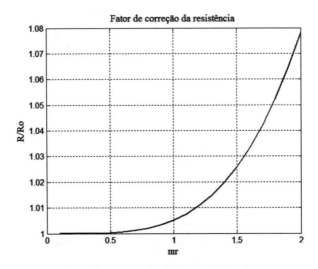

Figura 2.36 – Fator de correção da resistência

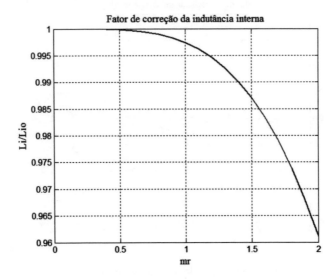

Figura 2.37 – Fator de correção da indutância

Para uma abrangência maior, apresentamos a Figura 2.38 e a Figura 2.39 com valores de *mr* até 10.

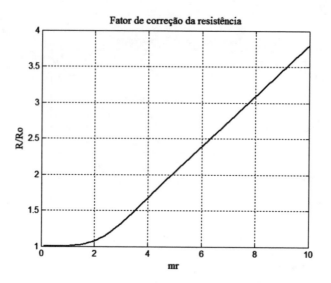

Figura 2.38 – Fator de correção da resistência

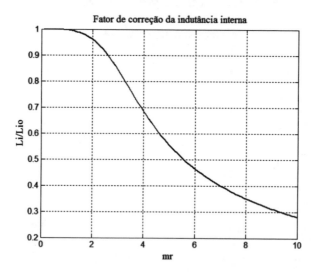

Figura 2.39 – Fator de correção da indutância

Analisando a Figura 2.38 e a Figura 2.39 fica nítida a necessidade de se corrigir os valores em corrente contínua, tanto da resistência como da indutância interna do condutor, para os casos de operação em frequências elevadas.

Segundo Carson, no valor da resistência corrigida com a frequência devemos acrescentar o valor da resistência de retorno por terra r_d. Ele encontrou uma fórmula empírica dessa resistência em função da frequência, dada por:

$$r_d = 9,869 \times 10^{-7} f \ \Omega/m$$

Capítulo 3
Modelos de Transformadores

Um transformador pode ser representado por um transformador ideal com uma relação de transformação a (complexa) e conectado a este uma admitância em série, como mostra a Figura 3.1. Este modelo matemático despreza os efeitos da corrente de magnetização e das perdas no núcleo (histerese e correntes de Foucault), que para estudos de fluxo de carga pode ser feito sem perda significativa nos resultados dos cálculos.

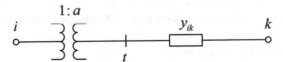

Figura 3.1 – Modelo de transformador

Vamos considerar um nó intermediário t para facilitar a dedução das fórmulas.

A relação de transformação a é a razão entre a tensão do nó t e a tensão do nó i, isto é:

$$a = \frac{E_t}{E_i} \quad \text{ou} \quad E_t = a\, E_i$$

Como no transformador ideal a potência de entrada é igual à potência de saída, pois não há perdas, então:

$$S_{ik} = -S_{ti}$$

$$E_i I^*_{ik} = -E_t I^*_{ik} \quad \text{pois } I_{ti} = I_{ki}$$

Substituindo E_t, temos:

$$E_i I^*_{ik} = - a E_i I^*_{ki}$$
$$I_{ik} = - a^* I_{ki}$$
$$I_{ki} = y_{ik} (E_k - E_t) = y_{ik} (E_k - a E_i) = - a y_{ik} E_i + y_{ik} E_k$$
$$I_{ik} = - a^* (- a y_{ik} E_i + y_{ik} E_k) = |a|^2 y_{ik} E_i - a^* y_{ik} E_k$$

Em notação matricial, temos:

$$\begin{bmatrix} I_{ik} \\ I_{ki} \end{bmatrix} = \begin{bmatrix} |a|^2 y_{ik} & - a^* y_{ik} \\ - a y_{ik} & y_{ik} \end{bmatrix} \begin{bmatrix} E_i \\ E_k \end{bmatrix} \tag{3.1}$$

Podemos notar que, com a relação de transformação complexa, que caracteriza um transformador defasador (com ligação do tipo ΔY ou $Y\Delta$), não podemos representá-lo por um modelo π equivalente, pois o elemento que liga o nó i ao nó k é diferente do elemento que liga o nó k ao nó i; isto significa que as matrizes Y_p e Y_{bus} não são simétricas em valor, sendo apenas em estrutura. Neste caso temos apenas a representação matemática do modelo, isto é, na matriz Y_{bus} devemos adicionar o valor $|a|^2 y_{ik}$ ao elemento Y^{ii}_{bus} e o valor y_{ik} ao elemento Y^{kk}_{bus}; e devemos fazer $Y^{ik}_{bus} = - a^* y_{ik}$ e $Y^{ki}_{bus} = - a y_{ik}$.

Quando a relação de transformação é um número real, representando um transformador cujo primário/secundário estão em fase (com ligação do tipo $\Delta\Delta$ ou YY), temos:

$$\begin{bmatrix} I_{ik} \\ I_{ki} \end{bmatrix} = \begin{bmatrix} a^2 y_{ik} & - a y_{ik} \\ - a y_{ik} & y_{ik} \end{bmatrix} \begin{bmatrix} E_i \\ E_k \end{bmatrix} \tag{3.2}$$

Neste caso podemos representá-lo pelo modelo π equivalente da Figura 3.2, cujos parâmetros são determinados como segue:

Capítulo 3 - Modelos de Transformadores | 81

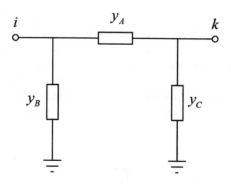

Figura 3.2 – Modelo π equivalente

Portanto:

$y_A + y_B = a^2 y_{ik}$
$y_A = a\, y_{ik}$
$y_A + y_C = y_{ik}$

Então:

$y_A = a\, y_{ik}$
$y_B = a\,(a-1)\, y_{ik}$
$y_C = (1-a)\, y_{ik}$

O modelo π equivalente do transformador em função de y_{ik} e a é mostrado na Figura 3.3.

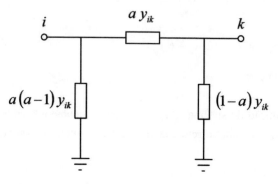

Figura 3.3 – Modelo π equivalente em função de y_{ik} e a

Para contornar o problema da matriz Y_{bus} que perde a simetria nos nós onde existem transformadores defasadores, podemos considerar o modelo matemático mostrado na Figura 3.4. Neste modelo acrescentamos uma injeção de corrente em cada uma das barras em que estes transformadores estão conectados, de forma a não considerar a defasagem e o tap fora do valor nominal. O valor destas injeções é determinado pela diferença do valor exato das correntes que fluem entre os nós envolvidos e o valor "errado" quando não se considera a relação de transformação.

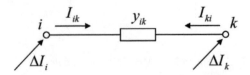

Figura 3.4 – Modelo de transformador defasador

As equações, quando não é considerada a relação de transformação, são:

$$I_{ik} = (E_i - E_k) y_{ik} = E_i y_{ik} - E_k y_{ik}$$
$$I_{ki} = (E_k - E_i) y_{ik} = E_k y_{ik} - E_i y_{ik}$$

Neste caso $I_{ki} = -I_{ki}$

Comparando com os valores da equação matricial (3.1), temos:

$$\Delta I_i = |a|^2 y_{ik} E_i - a^* y_{ik} E_k - (E_i y_{ik} - E_k y_{ik})$$

$$\Delta I_i = (|a|^2 - 1) y_{ik} E_i - (a^* - 1) y_{ik} E_k \quad (3.3)$$

$$\Delta I_k = -a y_{ik} E_i + y_{ik} E_k - (E_k y_{ik} - E_i y_{ik})$$

$$\Delta I_k = -(a - 1) y_{ik} E_i \quad (3.4)$$

Durante a solução do sistema, ΔI_i e ΔI_k são calculados a cada iteração e os seus valores tendem ao valor correto quando o processo iterativo estiver convergido.

3.1 Transformadores com Dispositivos de Comutação Automática

Os dispositivos de comutação automática de transformadores são muito conhecidos por seu termo em inglês: *On-Load Tap Changer* (*OLTC*) ou *Under-Load Tap Changer* (*ULTC*). Sua ação de controle é em geral no sentido de manter a tensão constante no lado de baixa tensão. Quando ocorre um distúrbio no sistema com ocorrência de queda de tensão nas barras, também há uma diminuição na demanda em virtude da dependência das cargas com a tensão, traduzida na modelagem por parcelas tipo impedância e corrente constantes. Entretanto, estes dispositivos atuam para restabelecer a tensão e com isso acabam também fazendo com que a demanda volte para os níveis pré-contingência. Para um sistema que está enfraquecido pelo distúrbio, este restabelecimento da demanda pode levar o processo evolutivo para uma caracterização de colapso de tensão. A primeira comutação do transformador normalmente é feita para atuar com atraso da ordem de 20 a 50 segundos. Cada comutação adicional atua com atrasos da ordem de 1 a 5 segundos, dependendo do valor do erro de tensão em relação à referência. A modelagem deste tipo de transformador com a correta representação da comutação inicial, dos seus incrementos, dos seus limites e dos atrasos do sistema de controle de tensão é bastante importante para avaliação do desempenho do sistema de potência onde se pretende observar os fenômenos de longa duração.

Os transformadores dotados de dispositivo de comutação em carga são componentes importantes no controle de tensão de um sistema elétrico. Este dispositivo tem um controlador regulador da tensão que comanda a troca de Tap do transformador com a finalidade de trazê-la para o seu valor de referência. A Figura 3.5 mostra o diagrama de um controlador típico de comutação em carga de transformadores dotados de *OLTC*.

A tensão controlada (V_c) é comparada com um valor de referência (V_{ref}) gerando o sinal $\Delta V = V_{ref} - V_c$. A saída da banda morta com histerese sinaliza com o valor 1 a necessidade de mudança de tap caso $|\Delta V|$ seja maior que B_{m1} e só volta a ser zero caso $|\Delta V|$ fique abaixo de B_{m2}. Se o valor da tensão controlada (V_c) ficar abaixo de V_{LIM} o controle de tap permanece congelado até que este volte a ficar acima deste valor. A temporização do relé para atuação do controle é iniciada quando $|V_B|$ passa para 1 e quando atinge o valor T_R é disparada a ordem para atuação do mecanismo de mudança de tap, que aguarda o tempo T_M para efetivamente fazer a mudança de tap. Uma vez disparada a ordem, o controle não volta atrás, mesmo que $|V_B|$ venha a se modificar para 0 neste intervalo. Após uma mudança de tap, o controle bloqueia uma nova atuação por um tempo T_B e a partir deste instante o processo de controle é reinicializado. O valor do tap é limitado entre Tap_{min} e Tap_{max}.

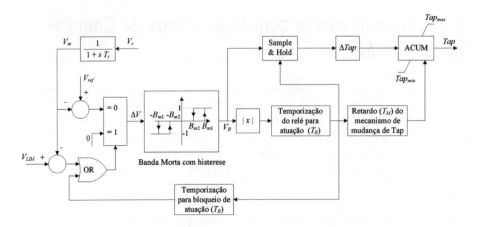

Figura 3.5 – Diagrama de um controlador para comutação em carga

Onde:

T_t – constante de tempo do transdutor de medição da tensão controlada, em segundos.
V_{LIM} – valor da tensão abaixo do qual o controle de comutador é "congelado", em p.u.
B_{m1} – valor da banda morta para habilitação da atuação do controle, em p.u.
B_{m2} – valor da banda morta (menor que B_{m1}) para desabilitação da atuação do controle, em p.u.
T_R – tempo de ajuste do relé para atuação do controle de tap, em segundos.
T_M – tempo de retardo referente ao mecanismo de mudança de tap, em segundos.
T_B – tempo de bloqueio para novas mudanças de tap, em segundos.
V_t – tensão controlada, em p.u.
V_m – tensão controlada medida, em p.u.
V_{ref} – valor de referência do regulador automático de tap, em p.u.
ΔV – erro da tensão medida, em p.u.
V_B – valor de saída da banda morta com histerese, adimensional.
ΔTap – incremento de tap, em p.u.
Tap_{min} – valor mínimo do tap, em p.u.
Tap_{max} – valor máximo do tap, em p.u.
Tap – sinal de saída do controlador de tap, em p.u.

É importante observar que se o ponto de operação passar para a parte inferior da curva PxV (curva do nariz) mostrada na Figura 3.6, as características de controle de tap se invertem, isto é, para uma diminuição da carga há também uma diminuição na tensão, e com isso a ação de controle de modificação de tap não atua de forma adequada para o qual foi projetado e, portanto é melhor que se faça o seu congelamento. Além disso, quando há queda de tensão, há também um alívio natural das cargas que variam com a tensão, porém as tipicamente representadas por motor de indução aumentam o escorregamento e passam a exigir uma corrente maior com fator de potência mais baixo, com consequente elevação da temperatura dos seus enrolamentos, podendo até atuar a proteção fazendo o seu desligamento.

Figura 3.6 – Curva típica P x V

A Tabela 3.1 mostra as faixas de variação dos parâmetros do controlador de comutação em carga de transformador, bem como os seus valores típicos.

Tabela 3.1 – Valores dos Parâmetros do *OLTC* de Transformador

Parâmetro	Faixa de variação	Valor típico
T_t	0,002 a 32	0,02
V_{LIM}	0,8 a 0,9	0,85
B_{m1}	0,002 a 0,02	0,01
B_{m2}	0,001 a 0,01	0,005
T_R	5 a 50	20
T_M	1 a 10	5
T_B	1 a 5	2
ΔTap	0,005 a 0,01	0,00625
Tap_{min}	0,85 a 0,95	0,9
Tap_{max}	1,05 a 1,15	1,1

Uma comprovação analítica simplificada do problema de controle que pode ocorrer com o dispositivo *OLTC* de transformadores é feita a seguir, onde a carga é modelada como impedância constante.

A Figura 3.7 mostra a representação de um transformador de dois enrolamentos com comutação em carga no lado secundário.

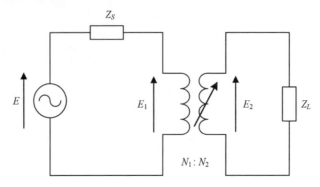

Figura 3.7 – Representação de um transformador com dispositivo *OLTC*

Onde:

E – fasor tensão da fonte
E_1 – fasor tensão do lado primário
E_2 – fasor tensão do lado secundário
N_1 – número de espiras do lado primário
N_2 – número de espiras do lado secundário
Z_S – impedância total do transformador refletida no lado primário
Z_L – impedância da carga

Pela teoria de circuitos e utilizando a regra do divisor de tensão, temos as seguintes relações:

$$E_2 = \frac{N_2}{N_1} E_1 = \frac{N_2}{N_1}\left(\frac{Z'_L}{Z_S + Z'_L}\right) E$$

$$Z'_L = Z_L \left(\frac{N_1}{N_2}\right)^2$$

onde Z'_L é a impedância da carga refletida no lado primário.

Podemos ter três condições extremas bem definidas para a carga:

a) $Z'_L = Z_S$ que dá a condição de máxima transferência de potência a partir da fonte;

$$E_2 = \frac{N_2}{N_1}\left(\frac{1}{2}\right) E$$

b) $|Z'_L| \gg |Z_S|$

$$E_2 \cong \frac{N_2}{N_1} E$$

c) $|Z'_L| \ll |Z_S|$

$$E_2 \cong \frac{N_2}{N_1} \frac{Z'_L}{Z_S} E = \frac{N_1}{N_2} \frac{Z_L}{Z_S} E$$

Podemos notar que as condições b) e c) são contraditórias, isto é, se o controle de tap for ajustado para operar na condição que aumenta N_2 para compensar uma queda em E_2 provocada por aumento da carga (diminuição de Z_L), que é a condição normal de operação; este provocará uma queda em E_2 com o aumento de N_2 na condição c), caracterizando um processo de realimentação positiva, portanto, instável.

A Figura 3.8 e a Figura 3.9 mostram os diagramas em blocos correspondentes aos processos de controle de tensão de um transformador com OLTC operando nas condições b) e c), respectivamente.

Pela Figura 3.8 podemos observar que um aumento no módulo da tensão da fonte, provoca temporariamente um aumento no módulo de E_2 gerando um erro negativo quando comparado com V_{ref}. O erro negativo faz com que ΔN_2 também fique negativo e em consequência, diminui o número de espiras do secundário, diminuindo o módulo de E_2. Esta operação caracteriza um processo estável, isto é, com realimentação negativa.

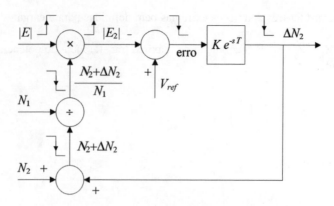

Figura 3.8 – Operação do *OLTC* na condição b)

Pela Figura 3.9 podemos observar que um aumento no módulo da tensão da fonte, provoca temporariamente um aumento no módulo de E_2 gerando um erro negativo quando comparado com V_{ref}. O erro negativo faz com que ΔN_2 também fique negativo e em consequência, diminui o número de espiras do secundário, aumentando o módulo de E_2. Esta operação caracteriza um processo instável, isto é, com realimentação positiva.

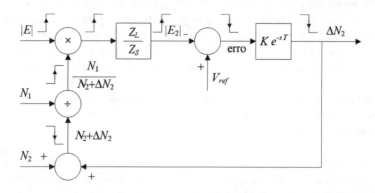

Figura 3.9 – Operação do *OLTC* na condição c)

Capítulo 4
Modelos de Carga

A carga é provavelmente um dos elementos que mais influenciam os resultados da simulação dinâmica de um sistema elétrico, uma vez que estes são bastante afetados pelo comportamento dinâmico da carga, principalmente no que diz respeito a sua variação com a tensão. Sob o ponto de vista de modelagem, as cargas podem ser divididas em:

Cargas estáticas – são aquelas que podem ser analisadas considerando-se apenas o seu comportamento para variações de tensão traduzidas por equações puramente algébricas. A representação adotada inclui uma combinação de parcelas do tipo potência constante, corrente constante e impedância constante, que é dada por uma função do tipo polinômio de segundo grau, tradicionalmente denominada por modelo ZIP. Este modelo de carga é muito utilizado em estudos de fluxo de potência.

Cargas dinâmicas – são principalmente aquelas que requerem a modelagem do seu comportamento dinâmico. Nesta categoria encontram-se, por exemplo, os motores de indução e os motores síncronos. Os motores de indução requerem uma modelagem detalhada quando a sua tensão terminal fica abaixo de 0.9 pu, quando há um grande aumento da corrente drenada, com possibilidade de ocorrer o bloqueio do rotor e atuação da proteção, provocando o seu desligamento.

Cargas termoestáticas – são aquelas que possuem sistema de controle para manter a temperatura em determinado valor constante. Quando a tensão cai, a potência consumida também diminui, mas é restabelecida através do seu sistema de controle.

Neste item daremos ênfase às cargas estáticas representadas pelo modelo ZIP. Cabe ressaltar a grande variação da carga no decorrer do dia, cujo comportamento típico depende do tipo de dia, isto é, se é dia útil, sábado, domingo ou feriado. A Figura 4.1 ilustra a curva de variação da carga do Sistema Interligado Nacional (SIN), no dia 10/04/2001, uma terça-feira, dia útil, quando foi registrado o máximo histórico até o ano de 2004. No horário entre 17:43 h e 18:42 h podemos notar um rampeamento da carga que em apenas 1 hora passa de 48.677 MW para 55.236 MW, com uma taxa de crescimento de 6.559 MW/h.

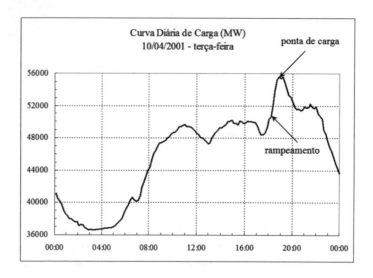

Figura 4.1 – Curva de carga do dia 10/04/2001

Em estudos de fluxo de potência em redes elétricas é comum se considerar 3 níveis de carregamento do sistema elétrico, correspondentes às cargas pesada (ponta de carga), média (15h e 23h) e leve (madrugada). Em alguns casos ainda se estuda o sistema com o seu carregamento mínimo, que normalmente ocorre aos domingos. Pode parecer um paradoxo, mas o sistema fica mais vulnerável a colapsos nestes momentos, pois as máquinas geradoras trabalham na região de operação subexcitada, absorvendo a potência reativa gerada pelas linhas de transmissão em extra-alta tensão. Nestes instantes é recomendado desligar algumas dessas linhas para evitar prováveis problemas de estabilidade eletromecânica, bem como para diminuir os investimentos em reatores dispostos em derivação, cuja função é absorver os reativos gerados pelas LT em EAT.

Como já falamos anteriormente, o modelo ZIP adota uma combinação de parcelas do tipo potência constante, corrente constante e impedância constante, caracterizada por uma parábola. A Figura 4.2 apresenta o gráfico representativo deste modelo, mostrando como a carga varia com a tensão para cada tipo de comportamento.

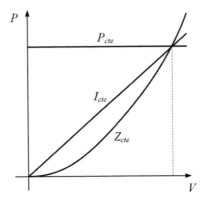

Figura 4.2 – Modelo ZIP de carga

Como o modelo ZIP é formado por uma combinação destas parcelas, a sua equação é dada por:

$$P = AV^2 + BV + C \qquad (4.1)$$

Onde:

A – parcela ativa da carga tipo Z constante
B – parcela ativa da carga tipo I constante
C – parcela ativa da carga tipo P constante
V – tensão na carga

É comum modificar equação (4.1) acrescentando um parâmetro que fornece o valor da carga ativa para a tensão nominal.

$$P = P_0 \left[(1 - \alpha - \beta) + \alpha V + \beta V^2 \right] \qquad (4.2)$$

Onde:

P_0 – valor da carga ativa para tensão nominal (1 pu)
α – parcela ativa da carga tipo I constante, em pu
β – parcela ativa da carga tipo Z constante, em pu
V – tensão na carga

Comparando as equações (4.1) e (4.2) podemos obter:

$$A = P_0 \beta$$
$$B = P_0 \alpha$$
$$C = P_0 (1 - \alpha - \beta)$$

Ou, conhecendo-se os valores de A, B e C, determina-se:

$$P_0 = A + B + C$$

$$\alpha = \frac{B}{P_0}$$

$$\beta = \frac{A}{P_0}$$

Os valores de A, B e C podem ser determinados através de regressão de segundo grau, utilizando o método dos mínimos quadrados ponderados.

Como em algumas situações o valor da carga ativa é conhecido para um valor de tensão diferente do valor nominal (1 pu), a seguinte modificação deve ser feita na sua equação:

$$P = P_0 \left[(1 - \alpha - \beta) + \alpha \left(\frac{V}{V_0} \right) + \beta \left(\frac{V}{V_0} \right)^2 \right] \tag{4.3}$$

Podemos notar pela equação (4.3) que agora P_0 é o valor da carga ativa para tensão igual a V_0.

O comportamento da carga ativa tipo potência constante ou corrente constante não é adequado para tensões muito baixas, ou a partir de um determinado nível, sendo o modelo tipo impedância constante o que melhor representa a carga nesta situação. Com isso, a equação (4.3) é modificada para os casos em que a tensão fica abaixo de um determinado valor V_f.

$$P = P_0 \left[(1 - \alpha - \beta) \left(\frac{V}{V_f} \right)^2 + \alpha \left(\frac{V^2}{V_f V_0} \right) + \beta \left(\frac{V}{V_0} \right)^2 \right] \tag{4.4}$$

Pelas equações (4.3) e (4.4) podemos verificar que no momento da transição do valor da tensão em torno de V_f, o valor da carga ativa não sofre descontinuidade, o que é desejável. Pela equação (4.3), para a tensão igual a V_f, temos o seguinte valor para a carga ativa:

$$P = P_0 \left[(1 - \alpha - \beta) + \alpha \left(\frac{V_f}{V_0} \right) + \beta \left(\frac{V_f}{V_0} \right)^2 \right]$$

Para provar que realmente a parcela ativa da carga não sofre descontinuidade no momento de transição por V_f, vamos utilizar a equação (4.4), para a tensão igual a V_f, obtendo o seguinte valor para a carga ativa:

$$P = P_0 \left[(1 - \alpha - \beta) \left(\frac{V_f}{V_f} \right)^2 + \alpha \left(\frac{V_f^2}{V_f V_0} \right) + \beta \left(\frac{V_f}{V_0} \right)^2 \right] =$$

$$= P_0 \left[(1 - \alpha - \beta) + \alpha \left(\frac{V_f}{V_0} \right) + \beta \left(\frac{V_f}{V_0} \right)^2 \right]$$

A carga possui comportamento bastante distinto com a tensão no que se refere às suas componentes ativa e reativa. Com isto, devemos separar na sua modelagem as partes real e imaginária, ajustando adequadamente os parâmetros do modelo. O procedimento é similar ao que foi feito para a componente ativa da carga, como segue:

$$Q = DV^2 + EV + F \tag{4.5}$$

Onde:

D – parcela reativa da carga tipo Z constante
E – parcela reativa da carga tipo I constante
F – parcela reativa da carga tipo P constante
V – tensão na carga

Também se modifica equação (4.5) acrescentando um parâmetro que fornece o valor da carga reativa para a tensão nominal.

$$Q = Q_0 \left[(1 - \gamma - \delta) + \gamma V + \delta V^2 \right] \tag{4.6}$$

Onde:

Q_0 – valor da carga reativa para tensão nominal (1 pu)
γ – parcela reativa da carga tipo I constante, em pu
δ – parcela reativa da carga tipo Z constante, em pu
V – tensão na carga

Comparando as equações (4.5) e (4.6) podemos obter:

$$D = Q_0\,\delta$$
$$E = Q_0\,\gamma$$
$$Q = Q_0\,(1 - \gamma - \delta)$$

Ou, conhecendo-se os valores de D, E e F, determina-se:

$$Q_0 = D + E + F$$

$$\gamma = \frac{E}{Q_0}$$

$$\delta = \frac{D}{Q_0}$$

Os valores de D, E e F podem ser determinados através de regressão de segundo grau, utilizando o método dos mínimos quadrados ponderados.

Como em algumas situações o valor da carga reativa é conhecido para um valor de tensão diferente do valor nominal (1 pu), a seguinte modificação deve ser feita na sua equação:

$$Q = Q_0\left[(1 - \gamma - \delta) + \gamma\left(\frac{V}{V_0}\right) + \delta\left(\frac{V}{V_0}\right)^2\right] \tag{4.7}$$

Podemos notar pela equação (4.7) que agora Q_0 é o valor da carga reativa para tensão igual a V_0.

O comportamento da carga ativa, tipo potência constante ou corrente constante não é adequado para tensões muito baixas, ou a partir de um determinado nível, sendo o modelo tipo impedância constante o que melhor representa a carga nesta situação.

Com isso, a equação (4.7) é modificada para os casos em que a tensão fica abaixo de um determinado valor V_f.

$$Q = Q_0 \left[(1 - \gamma - \delta) \left(\frac{V}{V_f} \right)^2 + \gamma \left(\frac{V^2}{V_f V_0} \right) + \delta \left(\frac{V}{V_0} \right)^2 \right] \qquad (4.8)$$

Pelas equações (4.7) e (4.8) podemos verificar que no momento da transição do valor da tensão em torno de V_f, o valor da carga reativa não sofre descontinuidade, o que é desejável. Pela equação (4.7), para a tensão igual a V_f, temos o seguinte valor para a carga:

$$Q = Q_0 \left[(1 - \gamma - \delta) + \gamma \left(\frac{V_f}{V_0} \right) + \delta \left(\frac{V_f}{V_0} \right)^2 \right]$$

Para provar que a parcela reativa da carga não sofre descontinuidade no momento de transição por V_f, vamos utilizar a equação (4.8), para a tensão igual a V_f, obtendo o seguinte valor para a carga reativa:

$$Q = Q_0 \left[(1 - \gamma - \delta) \left(\frac{V_f}{V_f} \right)^2 + \gamma \left(\frac{V_f^2}{V_f V_0} \right) + \delta \left(\frac{V_f}{V_0} \right)^2 \right] =$$

$$= Q_0 \left[(1 - \gamma - \delta) + \gamma \left(\frac{V_f}{V_0} \right) + \delta \left(\frac{V_f}{V_0} \right)^2 \right]$$

Resumindo:

$$P = \begin{cases} P_0\left[(1-\alpha-\beta)+\alpha\left(\dfrac{V}{V_0}\right)+\beta\left(\dfrac{V}{V_0}\right)^2\right] & \text{para } V \geq V_f \\ P_0\left[(1-\alpha-\beta)\left(\dfrac{V}{V_f}\right)^2+\alpha\left(\dfrac{V^2}{V_f V_0}\right)+\beta\left(\dfrac{V}{V_0}\right)^2\right] & \text{para } V < V_f \end{cases}$$

$$Q = \begin{cases} Q_0\left[(1-\gamma-\delta)+\gamma\left(\dfrac{V}{V_0}\right)+\delta\left(\dfrac{V}{V_0}\right)^2\right] & \text{para } V \geq V_f \\ Q_0\left[(1-\gamma-\delta)\left(\dfrac{V}{V_f}\right)^2+\gamma\left(\dfrac{V^2}{V_f V_0}\right)+\delta\left(\dfrac{V}{V_0}\right)^2\right] & \text{para } V < V_f \end{cases}$$

A representação gráfica do modelo de carga para os tipos potência constante, corrente constante e impedância constante pode ser vista na Figura 4.3.

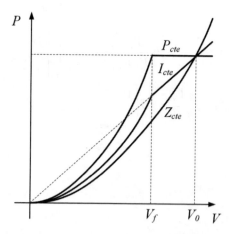

Figura 4.3 – Modelo ZIP modificado de carga

O comportamento com a tensão do modelo ZIP combinado para a carga ativa e reativa é mostrada na Figura 4.4.

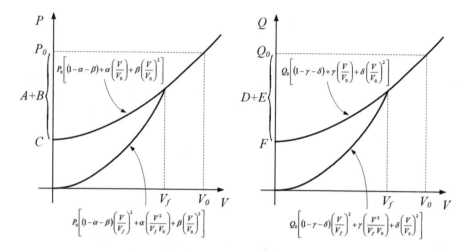

Figura 4.4 – Modelo ZIP combinado para a carga ativa e reativa

Capítulo 5
Modelos de Geradores Síncronos

Os geradores são máquinas que convertem energia mecânica em energia elétrica. O seu princípio de funcionamento é baseado na Lei de Lenz. Heinrich Friedrich Emil Lenz (1804-1865) foi um físico alemão (germano-báltico). O símbolo L, que representa a indutânica, foi dado em sua homenagem. Ele observou que quando uma barra feita de material condutor corta linhas de campo magnético, em seus terminais fica induzida uma tensão "e", conforme é mostrado na Figura 5.1, onde a densidade de campo magnético está representado por "B", sendo perpendicular à barra para que produza um maior efeito. Para que haja deslocamento é necessário se aplicar uma força F na barra. Também podemos considerar que a barra ao ser deslocada, aparecerá uma força de atrito F_a, pois de alguma forma ela deve estar apoiada. É importante observar que o deslocamento também poderia ser das linhas de campo magnético, o que é mais usual nas máquinas de grande porte.

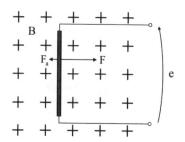

Figura 5.1 – Princípio de funcionamento de um gerador elétrico

Foi observado também que a tensão induzida é tanto maior quanto maior for a velocidade de deslocamento da barra. Então, em princípio poderíamos pensar em fazer o controle dessa tensão através do controle da velocidade.

Com o surgimento da tensão induzida, podemos ligar uma carga elétrica nas extremidades da barra condutora. Com isso, criamos o gerador elétrico mais rudimentar que exixte. Como exemplo podemos citar o dínamo utilizado para alimentar a lâmpada do farol de uma bicicleta. De fato, observamos que quando o ciclista pedala mais rápido, a luz produzida fica mais intensa. Nesse pequeno gerador, as linhas de campo magnético são produzidas por um ímã permanente que gira em torno de um pequeno eixo, cujo movimento é obtido pelo contato da cabeça da peça com as ranhuras do pneu da bicicleta. A Figura 5.2 apresenta as peças envolvidas com o sistema de iluminação da bicicleta, o farol dianteiro, a lanterna trazeira e o gerador em forma de uma pequena garrafa.

Figura 5.2 – Peças do sistema de iluminação de uma bicicleta

A Figura 5.3 mostra um diagrama esquemático para a construção de um dínamo de bicicleta.

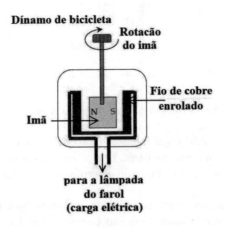

Figura 5.3 – Esquemático do dínamo de uma bicicleta

Um dínamo simples também pode ser construído com as barras condutoras (enrolamentos do induzido) sendo deslocadas por movimento rotativo e o ímã permanente ficando na parte fixa. Esse exemplo pode ser visto na Figura 5.4.

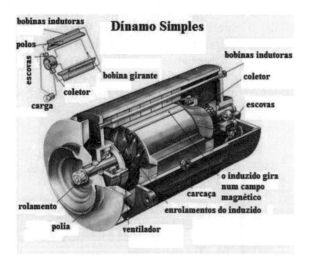

Figura 5.4 – Partes de um dínamo simples

A forma de conexão do dínamo de uma bicicleta pode ser vista na Figura 5.5.

Figura 5.5 – Conexão do dínamo de uma bicicleta ao pneu

Com a conexão da carga elétrica aparece uma corrente elétrica "i", provocando uma força de reação contrária ao movimento. Essa força é dada pelo produto vetorial da velocidade da carga elétrica "q" com a densidade de campo elétrico "B", com o sentido dado pela regra da mão direita, não esquecendo que a carga é negativa. A Figura 5.6 ilustra a situação em que esse pequeno gerador foi ligado à lâmpada do farol da bicicleta. A carga elétrica que se desloca são os elétrons livres nas camadas superiores dos átomos do material condutor da barra. Nesse tipo de material a sua densidade é bastante alta, cuja ordem de grandeza é de 10^{29} elétrons/m³. O valor da carga do elétron que se desloca é de $-1,60217733 \times 10^{-19}$ C e a sua massa é de $9,1093897 \times 10^{-31}$ kg. A corrente elétrica é definida pela taxa de deslocamento de carga por unidade de tempo, cuja unidade é A (Ampère) ou C/s (Coulomb por segundo). Podemos observar pelos números apresentados que estamos diante de valores extremamente pequenos e grandes.

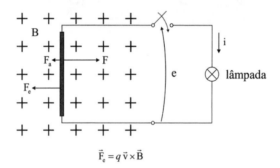

Figura 5.6 – Gerador conectado em uma carga elétrica

Podemos observar que quanto maior for a carga elétrica ligada, maior será a força elétrica F_e. Se quisermos que a velocidade fique constante, então teremos que agir no controle da força aplicada para que a resultante seja nula, tornando também nula a aceleração, pois pela 2ª Lei de Newton F_R = M a (massa x aceleração).

Nos geradores de grande porte, a produção da energia elétrica segue o mesmo princípio, porém a tensão terminal induzida tem que ser controlada para não se ter variações relevantes e indesejáveis. Na rede elétrica é utilizada a forma senoidal em suas grandezas. Isso é feito para que com a transformação em níveis de potencial diferentes, por razões físicas e econômicas, as suas formas permaneçam senoidais. Isso pode ser provado considerando que a tensão induzida no lado secundário de um transformador é dada pela taxa de variação do fluxo magnético por unidade de tempo, levando em consideração a relação do número de espiras dos lados primário e secundário do transformador. Portanto, se no lado primário é aplicada uma tensão senoidal, a corrente no enrolamento primário também terá a forma senoidal, atrasada em 90°, pois o circuito é indutivo. Então, a forma do fluxo magnético também será senoidal, pois ele tem a mesma forma da corrente no enrolamento primário. Com isso, a tensão induzida no secundário do tranformador será senoidal, pois ela é proporcional à taxa de variação do fluxo magnético e em fase com a do primário, se for observada corretamente a polaridade. Caso contrário, esta ficará com 180° de defasagem em relação a do primário.

As usinas geradoras de energia elétrica são instalações compostas de unidades geradoras, que são divididas em partes. A turbina é máquina primária responsável por fornecer torque mecânico no eixo, cujo controle é feito de diversas formas, dependendo do tipo de turbina. Ao mesmo eixo da turbina é conectado o rotor do gerador. Nele está o fluxo magnético produzido através da corrente de campo (i_{fd}) fornecida pelo sistema de excitação, com auxílio de uma fonte de tensão contínua. As linhas de fluxo magnético, produzidas pela corrente de excitação, ao cortar as barras condutoras, que estão na parte fixa do gerador, induz uma tensão terminal (V_t). Essas barras são ligadas em série para que a tensão terminal seja soma de todas as tensões induzidas em cada barra. A forma senoidal da tensão terminal pode ser obtida fazendo com que o espaço entre a parte girante e a parte fixa (entreferro) seja variável de modo a produzir essa forma. Um diagrama esquemático das partes de um gerador pode ser visto na Figura 5.7, mostrando o controle da tensão terminal sendo feito pela variação da resistência através do movimento do reostato produzido por um motor de corrente contínua. Na parte onde o espaço do entreferro é maior, a relutância magnética é maior, produzindo um fluxo magnético é menor.

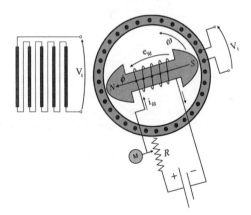

Figura 5.7 – Diagrama esquemático das partes de um gerador

5.1 Modelo Clássico de Gerador

O modelo clássico de gerador é o mais simples de todos. Nele é considerado que o módulo da tensão interna E_i é constante, ficando atrás da sua impedância síncrona r_a+jX_s. A Figura 5.8 ilustra esse modelo. Esse tipo de modelo é empregado nos geradores de pequena potência, cuja representação detalhada não seja relevante.

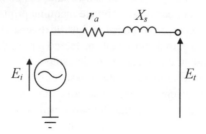

Figura 5.8 – Circuito do modelo clássico de gerador

5.2 Modelo de Gerador de Polos Salientes

O gerador de polos salientes é composto de um rotor com entreferro variável para obtenção da forma de onda senoidal da tensão terminal. Usualmente são utilizados nos aproveitamentos hidrelétricos e, portanto, são movidos por turbinas hidráulicas. Essas máquinas aproveitam a energia potencial da água represada para transformá-la em energia mecânica no seu eixo, através da vazão de água no conduto forçado que a leva até as pás da turbina. Existem alguns tipos de turbinas hidráulicas que são aplicados de acordo com a altura de queda. Cada um deles tem características que otimizam o aproveitamento da energia produzida. Para alturas até 20 metros se utiliza as turbinas tipo bulbo. Para as quedas entre 20 e 40 metros são utilizadas as do tipo Kaplan. Com quedas entre 40 e 300 metros as do tipo Francis são as mais utilizadas. Para as grandes alturas, acima de 300 metros, a empregada é a turbina Pelton.

A Figura 5.9 mostra os principais componentes de uma usina hidrelétrica. Nesta figura não está representado o vertedouro, que é composto por uma comporta cuja finalidade é deixar escapar água em períodos de grandes cheias, estando o reservatório em sua capacidade máxima de armazenamento. Isso é feito para preservar a integridade da barragem evitando o seu rompimento.

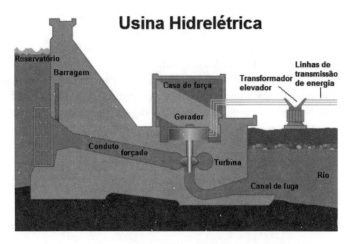

Figura 5.9 – Componentes de uma usina hidrelétrica

Como já foi dito anteriormente, é comum em aproveitamentos hidrelétricos a utilização de geradores de polos salientes. Também é comum nesses geradores de grande porte se empregar os enrolamentos amortecedores, que ficam localizados no seu rotor. Esses enrolamentos são feitos de barras condutoras curto-circuitadas e funcionam como um motor de indução quando a sua frequência de rotação está acima da frequência da rede, ou como um gerador de indução no caso contrário. Por conseguinte, eles servem para fazer um amortecimento na variação de frequência do rotor. Como a velocidade de rotação desse tipo de gerador de grande porte é normalmente baixa, é comum se aplicar apenas uma camada de enrolamentos amortecedores. A sua velocidade de rotação não pode ser alta (o que seria desejável para um melhor aproveitamento de potência), pois no conduto forçado passa água em estado líquido e, portanto, não compressível. Qualquer variação brusca de vazão, para controle de potência, poderia acarretar em sobrepressão ou sobresucção no conduto, podendo danificá-lo. Portanto, quanto maior for a potência da unidade geradora, menor tem que ser a sua velocidade mecânica de rotação. Para se chegar na frequência elétrica da rede, se faz a compensação com o aumento do número de polos, cuja equação é dada por $p = \dfrac{120 f_e}{n_s}$, onde p é o número de polos, f_e a frequência elétrica em Hertz no estator (lado da rede), e n_s a velocidade síncrona de rotação do eixo, em rpm.

É comum se associar ao modelo de unidade geradora de polos salientes como sendo as empregadas em aproveitamentos hidrelétricos e que possuem uma única camada de enrolamentos amortecedores. Está bastante difundido pelos próprios fabricantes um modelo formado pelos diagramas mostrados na Figura 5.10, na Figura 5.11 e na Figura 5.12. Esse modelo tem representado no rotor um enrolamento de campo e dois enrolamentos amortecedores, sendo um no eixo direto e outro no eixo em quadratura. Nos programas de simulação dinâmica a saliência subtransitória normalmente é desprezada fazendo-se $L"_d = L"_q$ e é dado um tratamento próprio à saturação do circuito magnético.

A Figura 5.10 mostra o diagrama em blocos correspondente às equações de oscilação eletromecânica do rotor para o grupo gerador-turbina.

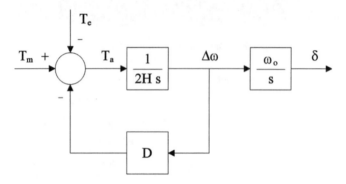

Figura 5.10 – Diagrama para as equações de oscilação eletromecânica

Onde:

H — constante de inércia do grupo gerador-turbina, em MW.s/MVA. Representa a relação entre a energia cinética armazenada na inércia girante, à velocidade síncrona, e a potência aparente nominal do gerador.

D — constante de amortecimento, em p.u./p.u. Representa a relação entre a potência de amortecimento devido à carga e a variação de velocidade do rotor, acrescido do atrito nos mancais do eixo e ventilação.

T_e — conjugado elétrico associado à potência ativa gerada, em p.u.

T_m — conjugado mecânico no eixo, em p.u.

T_a — conjugado de aceleração, em p.u.

$\Delta\omega$ — desvio da velocidade angular, em p.u.

ω_o — velocidade síncrona, em rad/s.

δ — ângulo absoluto do eixo q da máquina, em radianos.

É muito comum o fabricante da máquina fornecer a inércia em GD^2 ou GR^2, do qual podemos calcular o valor de H, com a seguinte fórmula:

$$H = \frac{0,00137 \, (GD^2) \, \omega^2}{S}$$; com GD^2 em t.m², ω em RPM e S em kVA

A parcela de amortecimento D, que está relacionada com a variação da carga com a frequência, normalmente não vem sendo utilizada na equação de oscilação do rotor nos estudos de estabilidade transitória do SIN (Sistema Interligado Nacional). O seu efeito vem sendo considerado no conjunto de equações da turbina (que são representadas junto com as equações do regulador de velocidade). Devemos estar atentos para a importância da sua representação e que esta deve ser única, isto é, se este efeito já tiver sido considerado nas equações de oscilação eletromecânica do rotor, não devemos considerá-lo nas equações da turbina e vice-versa, para que não seja considerado em duplicidade. O grande problema de se transferir este efeito para as equações da turbina está no seguinte fato: se desprezarmos o efeito do regulador de velocidade (que é pequeno para os estudos de estabilidade transitória), o efeito de amortecimento da carga com a frequência também estará sendo desprezado, podendo causar erros significativos nos resultados da simulação. Na realidade, este efeito deveria ser incluído em cada barra de carga, porém dada a dificuldade de introduzi-lo desta forma, este é transferido para as equações do rotor dos geradores. Em adição, ressaltamos o fato do valor desta parcela de amortecimento estar condicionada ao valor do patamar de carga. Para o nível pesado está em torno de 1 e numa faixa entre 0,5 e 0,7 para a carga leve. Em alguns modelos se considera o efeito de amortecimento da turbina nas suas equações. Este efeito está associado a atrito nos mancais e ventilação, porém é muito menor quando comparado com o efeito de amortecimento devido à carga.

A Figura 5.11 mostra o diagrama em blocos correspondente às equações dos enlaces de fluxo magnético projetados no eixo direto do gerador de polos salientes, derivadas a partir do modelo de Park, incluindo os efeitos subtransitórios e desprezando o efeito da saliência subtransitória, isto é, considerando $L''_d = L''_q$.

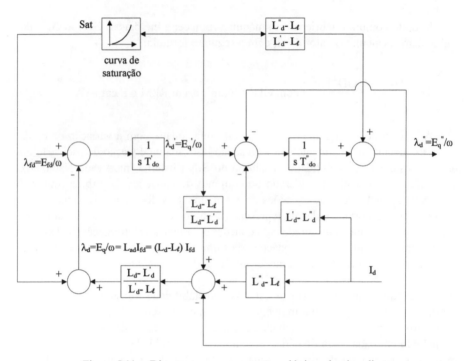

Figura 5.11 – Diagrama para as equações elétricas do eixo direto

Onde:

- L_d — indutância síncrona de eixo direto, em p.u.
- L'_d — indutância transitória de eixo direto, em p.u.
- L''_d — indutância subtransitória de eixo direto, em p.u.
- L_ℓ — indutância de dispersão da armadura, em p.u.
- T'_{do} — constante de tempo transitória de eixo direto em circuito aberto, em segundos.
- T''_{do} — constante de tempo subtransitória de eixo direto em circuito aberto, em segundos.
- E_{fd} — tensão de campo, em p.u.
- I_{fd} — corrente de campo, em p.u.
- E_q — tensão proporcional à corrente de campo, em p.u.
- E'_q — tensão transitória projetada no eixo em quadratura, em p.u.
- E''_q — tensão subtransitória projetada no eixo em quadratura, em p.u.
- I_d — corrente da armadura projetada no eixo direto, em p.u.
- Sat — parcela da saturação do gerador, em p.u.
- λ — enlace de fluxo magnético, em p.u.

A Figura 5.12 mostra o diagrama em blocos correspondente às equações dos enlaces de fluxo magnético projetados no eixo em quadratura do gerador de polos salientes. É importante notar que numa máquina de polos salientes o efeito transitório do rotor na direção do eixo em quadratura é muito rápido e, portanto, pode ser desconsiderado.

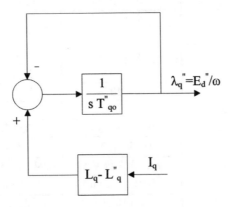

Figura 5.12 – Diagrama para as equações elétricas do eixo em quadratura

Onde:

L_q — indutância síncrona de eixo em quadratura, em p.u.
L''_q — indutância subtransitória de eixo em quadratura, em p.u.
T''_{qo} — constante de tempo subtransitória de eixo em quadratura em circuito aberto, em segundos.
E''_d — tensão subtransitória projetada no eixo direto, em p.u.

A Tabela 5.1 apresenta os valores típicos dos parâmetros de um gerador de polos salientes de 184 MVA, com a sua faixa usual de variação. Esse gerador é acionado por uma turbina hidráulica tipo Francis de 174,8 MW de potência.

Tabela 5.1 – Valores Típicos dos Parâmetros de um Gerador de Polos Salientes

Parâmetro	Faixa de variação	Valor típico
L_d	80 a 120 %	113,8 %
L_q	60 a 80 %	68,1 %
L'_d	30 a 50 %	35,0 %
L''_d	20 a 40 %	28,8 %
L''_q	20 a 40 %	28,8 %
L_ℓ	10 a 20 %	15,8 %
T'_{do}	4 a 7 s	5,6 s
T''_{do}	0,02 a 0,15 s	0,08 s
T''_{qo}	0,05 a 0,2 s	0,15 s
H	2 a 7 kWs/kVA	4,94 kWs/kVA
A_g	0,01 a 0,1 pu	0,013 pu
B_g	1 a 10 pu	7,92 pu

5.3 Modelo de Gerador de Rotor Cilíndrico

As primeiras instalações geradoras que utilizavam a energia térmica para transformá-la em elétrica foram oriundas de sistemas a vapor. Podemos destacar as que queimavam carvão ou óleo combustível para produção do calor nas caldeiras. Mais tarde foram criadas as usinas nucleares, que diferem basicamente na forma de produção do calor, que é obtido na fissão de átomos pesados e enriquecidos. Nas caldeiras passam as tubulações com água que são transformadas de estado líquido em pressão atmosférica para o estado gasoso em alta pressão. Nesse sistema de geração de energia elétrica a água percorre um ciclo fechado, passando por diversos estágios em trocadores de calor. O vapor d'água ao sair da caldeira, em alta temperatura e alta pressão, é expandido na primeira turbina a vapor, fornecendo um torque no seu eixo. Na saída dessa turbina, o vapor em temperatura e pressão mais baixos é expandido em uma ou duas turbinas de pressão intermediária, adicionando mais torque no mesmo eixo. O vapor ao sair do estágio de pressão intermediária entra em outra turbina de baixa pressão e temperatura mais baixa, expandindo-se para aumentar a potência no eixo comum a todas as turbinas. Para aumentar a eficiência desse sistema de geração, tubulações de vapor voltam para a caldeira para reaquecimento. Na saída da turbina do último estágio, o vapor vai para o condensador para que a água volte ao seu estado inicial, isto é, líquido em temperatura e pressão ambientes, fechando o ciclo. No condensador é injetado um grande fluxo de água oriundo de rio, lago ou mar. A Figura 5.13 apresenta um diagrama esquemático simplificado de um sistema de aproveitamento térmico nuclear para geração de energia elétrica.

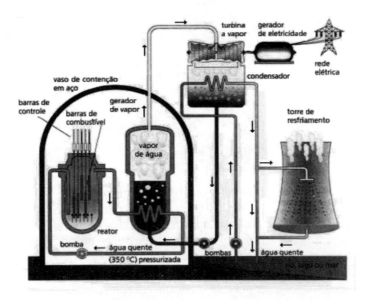

Figura 5.13 – Diagrama esquemático de uma usina termelétrica a vapor

Nas turbinas a vapor, como a água está em estado de vapor, as restrições para a variação de potência são bem menores quando comparadas às turbinas hidráulicas pois, como já apresentamos, nestas últimas, a água que passa pelo conduto forçado está em estado líquido e portanto, não é compressível, o que não acontece nas turbinas a vapor. Logo, para se ter um melhor aproveitamento do gerador aplicado nestes tipos de instalação, é comum se utilizar velocidades de 1800 ou 3600 rpm, com 4 ou 2 polos, respectivamente. Com a velocidade mecânica do rotor sendo mais alta, normalmente se emprega duas camadas de enrolamentos amortecedores no rotor do gerador, que é composto por um cilindro sem saliência, isto é, com o entreferro fixo. A Figura 5.14 mostra uma foto do rotor de um gerador de rotor cilíndrico de um gerador utilizado em aproveitamento termelétrico.

Figura 5.14 – Rotor cilíndrico de um gerador

Como o entreferro é fixo, a obtenção da forma de onda senoidal da tensão terminal é obtida naturalmente, utilizando um enrolamento de campo distribuído, colocado em ranhuras e arranjado de modo a produzir um campo magnético senoidal.

Como já dissemos anteriormente, é comum em aproveitamentos termelétricos a utilização de geradores de rotor cilíndrico, chamados de turbogeradores devido à sua alta velocidade de rotação. Nesses geradores de grande porte se emprega enrolamentos amortecedores em dupla camada, para se obter um maior amortecimento da rotação. Assim como nos hidrogeradores, eles também ficam localizados no seu rotor. São feitos de barras condutoras curto-circuitadas e funcionam como um motor de indução quando a sua frequência de rotação está acima da frequência da rede, ou como um gerador de indução no caso contrário. A sua velocidade de rotação pode ser alta, obtendo-se um melhor aproveitamento de potência, pois nas turbinas a vapor passa água em estado gasoso e, portanto, é compressível.

Quando se fala em gerador de rotor cilíndrico, vem logo à nossa mente o seu emprego em aproveitamentos termelétricos. O seu modelo está bastante difundido há muitos anos pelos fabricantes, com os diagramas das equações eletromecânicas e dos enlaces de fluxo magnético nos eixos direto e em quadratura mostrados na Figura 5.15, na Figura 5.16 e na Figura 5.17. Nesse modelo é considerado um enrolamento de campo e três enrolamentos amortecedores, sendo um no eixo direto e dois no eixo em quadratura. Também a saliência subtransitória é desprezada ($L''_d = L''_q$) e a saturação do núcleo de material ferromagnético é considerada através de uma função exponencial.

As equações da oscilação eletromecânica do rotor do grupo gerador-turbina são as mesmas para qualquer tipo de gerador, sendo mostrada na Figura 5.15 através do seu correspondente diagrama em blocos.

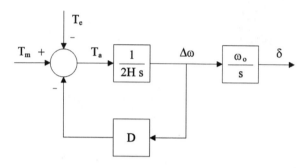

Figura 5.15 – Diagrama para as equações de oscilação eletromecânica

Onde:

H – constante de inércia do grupo gerador-turbina, em MW.s/MVA.
Representa a relação entre a energia cinética armazenada na inércia girante, a velocidade síncrona, e a potência aparente nominal do gerador.
D – constante de amortecimento, em p.u./p.u. Representa a relação entre a potência de amortecimento devido à carga e a variação de velocidade do rotor, acrescido do atrito nos mancais do eixo e ventilação.
T_e – conjugado elétrico associado à potência ativa gerada, em p.u.
T_m – conjugado mecânico no eixo, em p.u.
T_a – conjugado de aceleração, em p.u.
$\Delta\omega$ – desvio da velocidade angular, em p.u.
ω_o – velocidade síncrona, em rad/s.
δ – ângulo absoluto do eixo q da máquina, em radianos.

A Figura 5.16 mostra o diagrama em blocos correspondente às equações dos enlaces de fluxo magnético projetados no eixo direto do gerador de rotor cilíndrico, derivadas a partir do modelo de Park, incluindo os efeitos subtransitórios e desprezando o efeito da saliência subtransitória, isto é, considerando $L"_d = L"_q$.

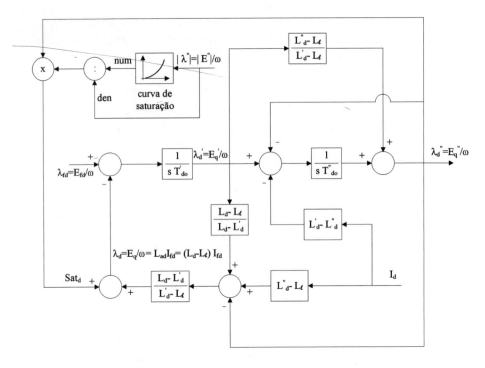

Figura 5.16 – Diagrama para as equações elétricas do eixo direto

Onde:

L_d – indutância síncrona de eixo direto, em p.u.
L'_d – indutância transitória de eixo direto, em p.u.
L''_d – indutância subtransitória de eixo direto, em p.u.
L_ℓ – indutância de dispersão da armadura, em p.u.
T'_{do} – constante de tempo transitória de eixo direto em circuito aberto, em segundos.
T''_{do} – constante de tempo subtransitória de eixo direto em circuito aberto, em segundos.
E_{fd} – tensão de campo, em p.u.
I_{fd} – corrente de campo, em p.u.
E_q – tensão proporcional a corrente de campo, em p.u.
E'_q – tensão transitória projetada no eixo em quadratura, em p.u.
E''_q – tensão subtransitória projetada no eixo em quadratura, em p.u.
I_d – corrente da armadura projetada no eixo direto, em p.u.
Sat_d – parcela da saturação do gerador projetada no eixo direto, em p.u.

| E"| – módulo da tensão subtransitória, em p.u.
λ – enlace de fluxo magnético, em p.u.

A Figura 5.17 mostra o diagrama em blocos correspondente às equações dos enlaces de fluxo magnético projetados no eixo em quadratura do gerador de rotor cilíndrico.

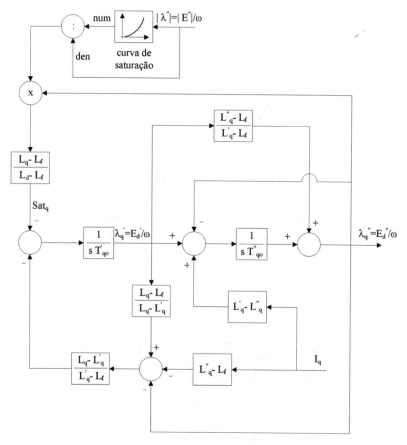

Figura 5.17 – Diagrama para as equações elétricas do eixo em quadratura

Onde:

L_q – indutância síncrona de eixo em quadratura, em p.u.
L'_q – indutância transitória de eixo em quadratura, em p.u.
L''_q – indutância subtransitória de eixo em quadratura, em p.u.

L_ℓ – indutância de dispersão da armadura, em p.u.

T'_{qo} – constante de tempo transitória de eixo em quadratura em circuito aberto, em segundos.

T''_{qo} – constante de tempo subtransitória de eixo em quadratura em circuito aberto, em segundos.

E''_d – tensão subtransitória projetada no eixo direto, em p.u.

I_q – corrente da armadura projetada no eixo em quadratura, em p.u.

Sat_q – parcela da saturação do gerador projetada no eixo em quadratura, em p.u.

$|E''|$ – módulo da tensão subtransitória, em p.u.

λ – enlace de fluxo magnético, em p.u.

A Tabela 5.2 apresenta os valores típicos dos parâmetros de um gerador de rotor cilíndrico de 208 MVA, com a sua faixa usual de variação. Esse gerador é acionado por turbinas a vapor em 3 estágios de pressão perfazendo um total de 184 MW de potência.

Tabela 5.2 – Valores Típicos dos Parâmetros de um Gerador de Rotor Cilíndrico

Parâmetro	Faixa de variação	Valor típico
L_d	180 a 220 %	214,0 %
L_q	180 a 220 %	200,0 %
L'_d	10 a 30 %	21,0 %
L'_q	20 a 50 %	34,0 %
L''_d	10 a 30 %	16,0 %
L''_q	10 a 30 %	16,0 %
L_ℓ	10 a 20 %	14,0 %
T'_{do}	5 a 10 s	9,79 s
T'_{qo}	0,5 a 2 s	0,93 s
T''_{do}	0,01 a 0,1 s	0,021 s
T''_{qo}	0,02 a 0,1 s	0,032 s
H	2 a 7 kWs/kVA	4,52 kWs/kVA
A_g	0,01 a 0,1 pu	0,05 pu
B_g	2 a 10 pu	6,8 pu

Algumas usinas termelétricas convencionais estão utilizando a queima do gás no sistema de geração de vapor em substituição ao óleo combustível. Os mais modernos aproveitamentos termelétricos utilizam o gás natural nas turbinas a gás e em alguns casos, para aumentar a sua eficiência, aproveitam o calor proveniente da descarga destas para a geração de vapor utilizado nas turbinas desta natureza. Estas usinas operam no modo denominado por ciclo combinado.

A Figura 5.18 apresenta o desenho do corte de uma turbina a gás de usina termelétrica a ciclo combinado (gás-vapor) que vem sendo bastante utilizada atualmente após a desregulamentação do setor elétrico de diversos países desenvolvidos e em desenvolvimento.

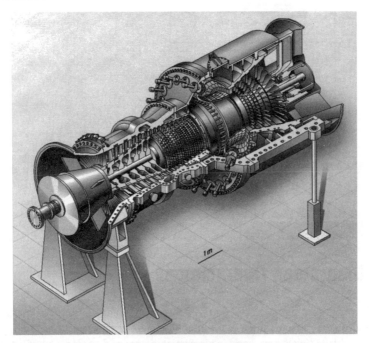

Figura 5.18 – Turbina a gás

A Figura 5.19 apresenta o diagrama esquemático de uma usina termelétrica a ciclo combinado, onde podem ser observadas as entradas de ar e gás que alimentam a turbina a gás e como a energia calorífica contida nos gases de escapamento das unidades a gás é aproveitada para gerar o vapor utilizado nas turbinas a vapor.

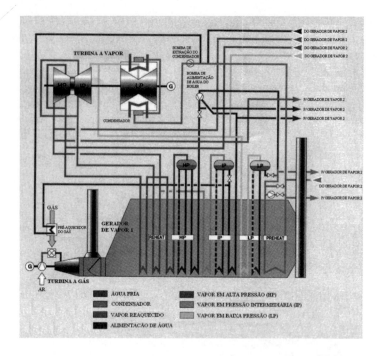

Figura 5.19 – Diagrama esquemático de uma usina térmica a ciclo combinado

5.4 Diagramas Operacionais

Os diagramas operacionais de um gerador síncrono são gráficos que permitem ao operador saber se a máquina está funcionando em região segura, sem comprometer a sua integridade física, bem como o sincronismo com as demais máquinas do sistema. Esses diagramas são o de capacidade, curvas de excitação e curvas V.

5.4.1 Diagrama de Capacidade

Entende-se por diagrama de capacidade o gráfico que fornece o lugar geométrico dos pontos possíveis para a operação segura de um gerador. Esse diagrama é apresentado em potência, onde usualmente no eixo das abscissas é colocada a potência reativa e no eixo das ordenadas a potência ativa. Na capacidade da unidade geradora são considerados os seguintes limites: térmicos do rotor (máxima corrente de excitação) e

Capítulo 5 - Modelos de Geradores Síncronos | 119

do estator (máxima corrente terminal), da turbina, de estabilidade e de mínima corrente de excitação. Um diagrama de capacidade típico de um gerador de polos salientes é mostrado na Figura 5.20. Este diagrama é muito conhecido em seu termo em inglês "*capability diagram*". É formado pelas condições de potência ativa e reativa que resultam em operação estável e segura do gerador. A área preenchida é o lugar geométrico dos pontos de operação admissível.

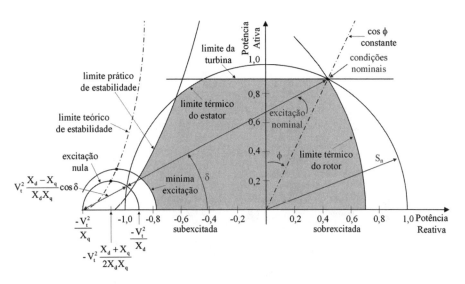

Figura 5.20 – Diagrama de capacidade típico de um gerador

Onde:

X_d — reatância síncrona de eixo direto, em p.u.
X_q — reatância síncrona de eixo em quadratura, em p.u.
S_n — potência aparente nominal, em p.u.
V_t — tensão terminal, em p.u.
$\cos \phi$ — fator de potência nominal, adimensional.
δ — ângulo absoluto do eixo q da máquina, em radianos.

Para facilitar o entendimento da elaboração do diagrama de capacidade de uma unidade geradora, vamos considerar o modelo clássico de gerador onde é considerado que o módulo da tensão interna E_i é constante, ficando atrás da reatância síncrona X_s, desprezando o efeito de perdas de potência ativa, representado pela resistência de armadura. O projeto da unidade geradora é feito de forma que esta alimente uma carga nominal com um determinado fator de potência indutivo, como mostrado na Figura 5.21. Então, esse ponto de operação é chamado de nominal.

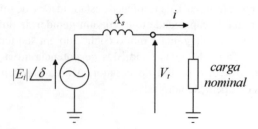

Figura 5.21 – Carga nominal alimentada por um gerador

Inicialmente vamos considerar o diagrama fasorial das tensões e corrente terminal como pode ser visto na Figura 5.22. Podemos observar o ângulo ϕ, cujo cosseno é definido como fator de potência da carga. O ângulo δ é definido como ângulo de carga, pois está associado com o valor da carga, isto é, quanto maior for a carga que o gerador alimenta, maior será o seu valor.

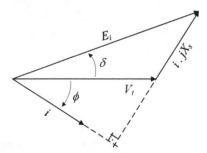

Figura 5.22 – Diagrama fasorial para carga indutiva

Para transformarmos esse diagrama em potência, vamos tomar as equações da potência ativa que flui em um ramo onde está representado apenas uma reatância indutiva. A expressão $P = \dfrac{|E_i||V_t|}{X_s}\mathrm{sen}\,\delta$ é obtida da equação (1.1). Também podemos calcular a potência aparente com a fórmula $S = P + jQ = V_t i^*$. Portanto, podemos obter $P = V_t|i|\cos\phi$ e $Q = V_t|i|\mathrm{sen}\,\phi$. Observamos pela expressão da potência reativa que o seu sinal é positivo para cargas com fator de potência indutivo, pois o sinal de ϕ é positivo, no sentido adotado, e consequentemente também será positivo o sinal do seno.

Observando o diagrama fasorial da Figura 5.22, se multiplicarmos todos os lados do triângulo formado pelas tensões por um fator V_t/X_s, esse diagrama passa a ser em potência. A Figura 5.23 mostra que realmente a potência ativa fornecida pela máquina pode ser calculada das duas formas, isto é, com auxílio da geometria tiramos que $P = \dfrac{|E_i|V_t}{X_s}\,\text{sen}\,\delta = V_t\,|i|\cos\phi$ e a potência reativa sendo $Q = \dfrac{|E_i|V_t}{X_s}\cos\delta - \dfrac{V_t^2}{X_s} = V_t\,|i|\,\text{sen}\,\phi$.

De fato, se utilizarmos a equação (1.2), anulando as condutâncias e a susceptância capacitiva, tomando o fluxo de potência reativa que chega na barra terminal, isto é, considerando as perdas reativas internas da máquina, temos

$Q_{ki} = -V_k^2\left(b_k^i + b_{ki}\right) - V_k V_i\left(g_{ki}\,\text{sen}\,\theta_{ki} - b_{ki}\cos\theta_{ki}\right)$, onde podemos chegar a

$Q = -\dfrac{V_t^2}{X_s} + \dfrac{|E_i|V_t}{X_s}\cos\delta$. Observamos que temos que tomar o sinal negativo da expressão de Q_{ki}, pois ela nos fornece a potência reativa no sentido da barra terminal para dentro da máquina e não o que sai para alimentar a carga.

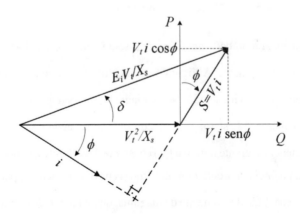

Figura 5.23 – Diagrama em potência

Observamos que as potências ativa e reativa formam uma referência no plano complexo não muito usual, pois deveria se tomar no eixo das abscissas a compontente real (P) e no eixo das ordenadas a componente imaginária (Q). É por esse motivo que a grande maioria dos fabricantes de geradores fornecem o diagrama de capacidade com referência mostrada anteriormente. Porém, não haverá dificuldade em interpretá-lo, caso a referência seja trocada. Alguns poucos fabricantes representam no eixo das ordenadas a potência reativa com valor positivo para a carga reativa drenada da barra terminal. Com isso, o seu valor fica com o sinal trocado, se for comparado com a potência reativa entregue pela máquina. Vamos considerar para referência com sinal positivo para a potência reativa entregue pela máquina, isto é, com a máquina sobrexcitada, quando alimenta uma carga com fator de potência indutivo. O seu valor será negativo quando esta alimentar uma carga com fator de potência capacitivo, e neste caso, se diz que a máquina está em modo de operação subexcitado. Facilmente podemos notar, pela Figura 5.22, que a tensão interna da máquina tem o seu módulo maior que o da tensão terminal quando esta alimenta uma carga indutiva. O caso em que a máquina alimenta uma carga capacitiva, o módulo da tensão interna fica menor que o da tensão terminal, como pode ser comparado pela figura 5.24.

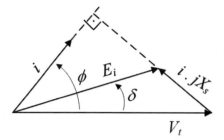

Figura 5.24 – Diagrama fasorial para carga capacitiva

Para dimensionar a unidade geradora, tem-se que tomar como base um ponto de operação chamado de nominal. A Figura 5.25 mostra o diagrama em potência onde esse ponto de operação é evidenciado. Nesse diagrama também pode ser visto o limite térmico do enrolamento do estator, que é dado pelo lugar geométrico dos pontos de operação com potência aparente nominal (S_n) constante. Esse limite é obtido pelo círculo com raio igual a potência aparente nominal, com centro na origem. A parcela $\dfrac{E_i V_t}{X_s}$ desse diagrama é chamada de excitação da máquina, que no ponto de operação nominal passa a ser a excitação nominal da máquina. Essa parcela está associada à capacidade do enrolamento do rotor em atender a demanda da carga, através da corrente de excitação gerada no circuito de campo da máquina. Então, o lugar geométrico dos pontos de operação com excitação nominal constante define o limite térmico do enrolamento do rotor, que é obtido pelo círculo com raio igual a excitação nominal, com o centro no ponto $\left(-\dfrac{V_t^2}{X_s};0\right)$.

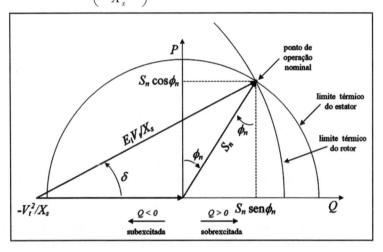

Figura 5.25 – Limites térmicos do estator e do rotor

Podemos observar que a capacidade da máquina em fornecer potência para a carga está altamente relacionada com o valor da sua reatância síncrona e com o ponto de operação nominal. Nesse diagrama não está sendo considerada a variação da saturação da máquina, que reduz a sua capacidade nominal de fornecimento de potência reativa. Nos itens a seguir serão mostradas as modificações que são feitas nesse diagrama para representar a variação de saturação, tensão terminal, bem como as diferenças entre os geradores de polos salientes e de rotor cilíndrico, cujos valores de reatâncias diferem bastante.

É importante considerar no projeto de compensadores síncronos, que são geradores que fornecem apenas potência reativa, o ponto de operação nominal no limite térmico do estator, com potência ativa nula, precisando de maior bitola no enrolamento de campo para suportar o acréscimo de corrente de excitação.

124 | Sistemas Elétricos de Potência e seus Principais Componentes

5.4.1.1 Limite Térmico do Estator

Como já falamos anteriormente, o limite térmico do estator é o lugar geométrico dos pontos de operação com corrente estatórica nominal constante. Pode ser obtido graficamente pelo círculo centrado na origem, com raio igual a S_n (potência aparente nominal). Como este limite é definido pela corrente terminal da máquina, a potência aparente varia diretamente com a tensão terminal. O enrolamento do estator pode suportar uma sobrecarga em regime permanente, mas esta deve ser considerada no seu dimensionamento.

Quando há necessidade de aumento da geração de potência ativa, o controle é feito através do aumento da potência mecânica no eixo da turbina. Em algumas condições operativas pode ser necessário também aumentar a excitação para suprimento da potência reativa demandada. O aumento da potência gerada acarreta no aumento da corrente do estator, cujo valor deve ser limitado para evitar a sua queima. É importante observar que a regulação de tensão também pode esgotar a capacidade térmica do estator.

Quando a tensão do sistema cai, como resultado de um aumento de consumo de potência, distúrbios ou operações de manobra na rede elétrica, o regulador de tensão eleva automaticamente a corrente de excitação do gerador para tentar manter a sua tensão constante. Quedas mais acentuadas da tensão do sistema podem ocasionar sobrecarga térmica do sistema de excitação ou do gerador, a menos que o operador reajuste o valor de referência de tensão para um valor menor ou mude a relação de transformação do transformador elevador da unidade geradora.

A função de um limitador de corrente estatórica é restringir o valor da corrente do gerador reduzindo automaticamente o valor de referência da tensão. Este limitador funciona de maneira análoga ao limitador de sobrexcitação que permite uma sobrecarga temporária.

5.4.1.2 Limite Térmico do Rotor

O limite térmico do rotor ou de máxima excitação é formado pelos pontos de operação com corrente de excitação nominal constante. Pode ser obtido por um processo iterativo onde para valores crescentes de potência ativa, os respectivos valores de potência reativa são calculados. A sua variação com a tensão depende da corrente demandada no estator, cujo valor varia diretamente com a potência aparente e inversamente com a tensão terminal. No enrolamento do rotor pode-se admitir uma sobrecarga em regime permanente, desde que tenha sido considerada no projeto da máquina, com reforço do respectivo enrolamento.

Capítulo 5 - Modelos de Geradores Síncronos | 125

Quando um gerador está gerando potência reativa, diz-se que está operando em modo sobrexcitado. À medida que a demanda de potência reativa do sistema aumenta para controle da tensão, o sistema de excitação da máquina faz com que esta passe a gerar mais potência reativa, aumentando a corrente de campo que pode ter o seu limite térmico ultrapassado. Os geradores são equipados com dispositivos limitadores da corrente de campo que não permitem que esta ultrapasse valores que possam comprometer a integridade física dos enrolamentos de campo. Nesta condição limite os geradores perdem a capacidade de controle da tensão.

Sobrecargas ocasionais na rede elétrica tendem a provocar redução na tensão terminal do gerador e correspondem a elevação da demanda de potência reativa. Como reação à consequente queda de tensão terminal em relação ao valor de referência, o regulador de tensão provoca a elevação da corrente de campo, com isso, o gerador passa a fornecer mais potência reativa, atendendo a elevação do consumo. Entretanto, uma maior corrente de excitação implica em maior aquecimento dos enrolamentos do rotor e, em situações de sobrecarga, com valores acima do nominal, levam a aquecimento excessivo que podem até ser admitidos por um certo tempo, cujo valor é inversamente proporcional ao valor da sobrecarga no rotor.

A atuação do limitador de sobrexcitação faz diminuir a corrente de campo trazendo o ponto de operação do gerador para uma posição dentro da porção direita do diagrama de capacidade (Figura 5.20).

5.4.1.3 Limite de Estabilidade

Quando um gerador está em situação de absorção de potência reativa, imposta por condição de baixa tensão, este se torna vulnerável a instabilidade eletromecânica. A inclusão de um limitador desta natureza serve para não deixar que a condição mínima de segurança eletromecânica seja ultrapassada. Alguns fabricantes incluem no sistema de controle do gerador um único limitador que cumpre simultaneamente as funções de limite de estabilidade e mínima corrente de excitação.

O limite de estabilidade é obtido com o auxílio do limite teórico de estabilidade, que é o lugar geométrico dos pontos de operação com valor máximo de potência ativa fornecida pela máquina para diversas condições de excitação constante. O limite de estabilidade chamado comumente de prático é formado pelos pontos de operação com a potência ativa máxima reduzida de certo valor "p" (reserva de potência ativa) para a mesma excitação constante.

A Figura 5.26 mostra uma forma prática aproximada para obtenção gráfica do limite teórico de estabilidade, pois não considera a variação da saturação da máquina. Porém, nessa condição de operação subexcitada a saturação é pequena, então a aproximação tem uma precisão bastante razoável. Primeiramente, traça-se o semicírculo de excitação nula, com centro localizado no ponto $(-V_t^2 \dfrac{X_d+X_q}{2X_dX_q};0)$ e com raio de $V_t^2 \dfrac{X_d-X_q}{2X_dX_q}$. Para cada valor de δ encontra-se o ponto de interseção da reta com δ constante e o semicírculo de excitação nula (A). Com este ponto encontra-se um novo ponto na extremidade oposta do semicírculo para o mesmo valor de potência ativa (B). Com o valor de potência reativa do novo ponto, determina-se o valor da potência ativa na mesma reta de δ constante, obtendo-se o ponto da curva de limite teórico de estabilidade (C).

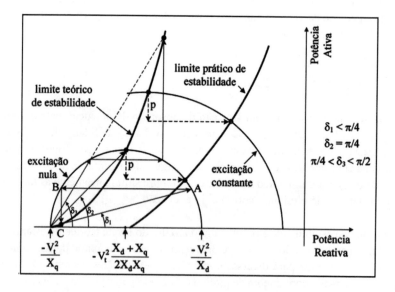

Figura 5.26 – Limites de estabilidade

5.4.1.4 Limite de Mínima Excitação

O limite de mínima excitação é composto pelos pontos de operação com corrente de excitação mínima constante. Pode ser obtido por um processo iterativo similar ao do cálculo do limite térmico do rotor. Também a sua variação com a tensão depende da corrente demandada no estator, cujo valor varia diretamente com a potência aparente e inversamente com a tensão terminal. No caso dos geradores de polos salientes, pode-se obter um ganho na absorção de potência reativa (principalmente na operação como compensador síncrono) se for adicionado ao circuito de campo uma ponte para inverter a corrente de excitação para que a máquina possa absorver potência reativa além da sua capacidade com excitação nula.

Quando um gerador está absorvendo potência reativa, diz-se que está operando em modo subexcitado. Isso ocorre geralmente nos momentos de carga leve do sistema elétrico. Em baixa carga, o seu consumo de reativos também é baixo, com isso as linhas de Extra Alta Tensão (EAT) passam a gerar mais reativos do que o consumo da carga, ficando com a tensão mais alta. Por esse motivo existem instruções operativas que desligam certas linhas para diminuir a geração de reativos. Nessa condição reatores devem ser conectados para ajudar os geradores na absorção da potência reativa, reduzindo o valor da tensão e evitando que estes não consigam mais estabelecer o nível adequado da tensão de operação.

5.4.1.5 Limite da Turbina

O limite da turbina depende de alguns fatores. Dentre eles podemos citar como mais relevante o nível do reservatório, para as turbinas hidráulicas, e a temperatura ambiente, para as turbinas térmicas. É comum se considerar constante este limite, já que os fatores que influenciam na sua alteração de valor não ocorrem rapidamente. Não há influência da tensão terminal no seu valor. Geralmente, a turbina é dimensionada para atendimento às condições nominais impostas ao gerador, nas suas condições nominais.

5.4.1.6 Influência da Tensão na Capacidade

Neste item apresentamos os diagramas de capacidade de geradores de polos salientes e de rotor cilíndrico para três condições de tensão terminal em 0,9 pu, 1,0 pu e 1,1 pu. Estes gráficos mostram como a tensão influencia a sua capacidade. Na Figura 5.27 são apresentados os diagramas de capacidade referente a uma unidade geradora de uma usina hidrelétrica de 186 MVA.

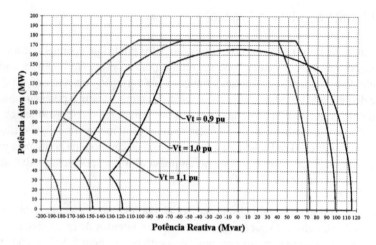

Figura 5.27 – Influência da tensão (polos salientes)

A Figura 5.28 mostra os diagramas de capacidade de uma unidade geradora a vapor, referente a uma usina termelétrica de 208 MVA para alguns valores de tensão terminal.

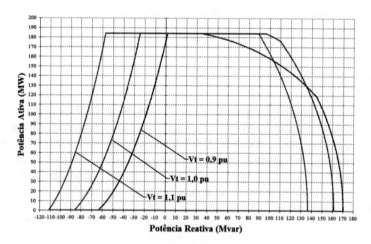

Figura 5.28 – Influência da tensão (rotor cilíndrico)

5.4.1.7 Influência da Variação da Saturação na Capacidade

A consideração da variação da saturação implica em cálculo iterativo na obtenção dos pontos de operação com excitação constante. Porém, a sua consideração é muito importante, pois a parcela da corrente de excitação para vencer a saturação não é desprezível na grande maioria das máquinas. A Figura 5.29 e a Figura 5.30 mostram a influência da variação da saturação nos limites de sobrexcitação, subexcitação e estabilidade para geradores de polos salientes e de rotor cilíndrico, respectivamente. Pode-se notar que a não consideração da saturação leva a resultados otimistas quando da operação sobrexcitada e a resultados pessimistas em operação subexcitada. Podemos notar também que este efeito quase não afeta as máquinas de polos salientes em operação em modo subexcitado, o que não ocorre com as de rotor cilíndrico.

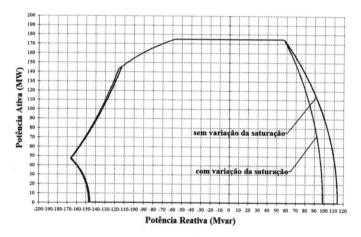

Figura 5.29 – Influência da variação da saturação (polos salientes)

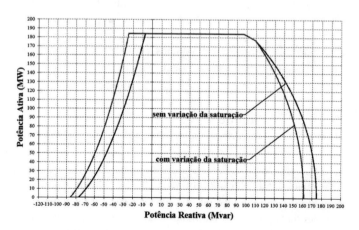

Figura 5.30 – Influência da variação da saturação (rotor cilíndrico)

5.4.1.8 Comparação da Capacidade de Modelos de Geradores

Para efeito comparativo, na Figura 5.31 são mostrados os diagramas de capacidade de uma unidade geradora de 186MVA, referente a uma usina hidrelétrica e de uma unidade a vapor de 208MVA, referente a uma usina termelétrica, operando com tensão terminal nominal. Este diagrama está com valores em pu para que possam ser normalizados para comparação.

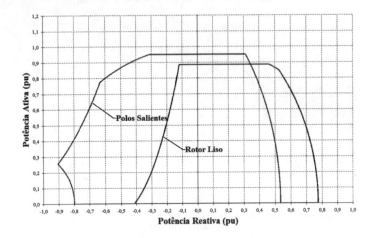

Figura 5.31 – Capacidade de geradores (polos salientes versus rotor cilíndrico)

Podemos notar que a máquina de polos salientes tem mais capacidade para absorção de reativos do que a de rotor cilíndrico. Em contrapartida, a de rotor cilíndrico tem maior capacidade na geração de reativos do que a de polos salientes. Isto se deve basicamente ao fato dos valores das reatâncias síncronas e do fator de potência dos dois modelos de máquina serem bastante distintos.

5.4.2 Curvas de Excitação

As curvas de excitação são gráficos que relacionam tensão de excitação aplicada no enrolamento de campo do gerador com a sua tensão terminal. No passado a produção da tensão de excitação era feita com a utilização de outras máquinas rotativas em cascata, iniciando com um gerador de imã permanente (PMG – *Permanent Magnet Generator*) que produz a excitação para um gerador de corrente contínua, que por sua vez produz a excitação para um outro de maior potência e assim por diante até chegar ao gerador principal em corrente alternada, cuja corrente de excitação é contínua para produzir um fluxo magnético contínuo. O número de unidades em cascata depende obviamente da potência do gerador principal. Os geradores modernos são dotados de excitatrizes estáticas, com componentes eletrônicos para a retificação da tensão terminal e controle da excitação imposta pelo gerador. Portanto, como não existe massa girante nesse tipo de excitatriz, a resposta dela é muito mais rápida do que as excitatrizes rotativas. O dimensionamento do enrolamento de campo do gerador depende da corrente máxima imposta a ele. Geralmente é projetado para operar sob saturação para protegê-lo de possíveis sobretensões. Uma curva de excitação típica com o gerador sem carga é mostrada na Figura 5.32. A curva de saturação é dada usualmente por uma função do tipo exponencial, expressa por: $y = A_g e^{B_g(x-0,8)}$, que representa a diferença da tensão de excitação para uma dada tensão terminal com o correspondente valor na curva sem saturação, chamada de linha do entreferro. Os fabricantes de geradores fornecem a curva de excitação da máquina operando em vazio. De posse desta curva, pode-se determinar facilmente os parâmetros A_g e B_g, utilizando as seguintes fórmulas:

$$B_g = 5\,ln\left(\frac{B-1,2}{A-1}\right); A_g = \frac{A-1}{e^{0,2B_g}}.$$

Na Figura 5.32 são mostrados como os parâmetros são calculados utilizando dois pontos da curva de excitação em vazio $(A;1)$ e $(B;1,2)$ e dois pontos correspondentes na linha do entreferro $(1;1)$ e $(1,2;1,2)$.

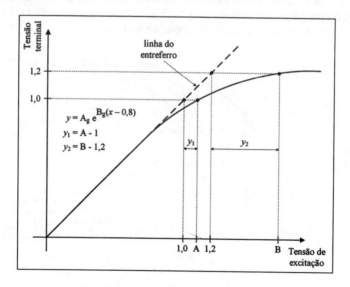

Figura 5.32 – Curva de saturação em vazio

É importante observar que os valores dessa curva de excitação estão em pu e, logo, depende da base adotada. Geralmente se considera como base a tensão de excitação na linha do entreferro para a tensão terminal nominal. Portanto, para as condições nominais do gerador (tensão terminal, fator de potência e carga) os valores tanto de tensão como de corrente de excitação ficam muito acima de 1 pu.

A curva de excitação para condições em carga depende do comportamento da carga com a tensão terminal. Modelos de carga já mencionados no capítulo 4 são utilizados para mostrar a sua influência na curva de excitação. São apresentadas curvas de excitação (tensão e corrente) para diversos carregamentos com fatores de potência nominal, unitário e nulo, e levando-se em conta que a carga alimentada é do tipo potência, corrente ou impedância constante.

5.4.2.1 Curvas de Excitação para Carga Tipo P Constante

Nas figuras apresentadas neste item é considerado que a máquina está alimentando uma carga do tipo potência constante e para fatores de potência nominal, unitário e nulo.

A Figura 5.33 mostra a curva da tensão terminal em função da tensão de excitação, com o gerador alimentando uma carga com fator de potência nominal em diversos níveis de carregamento, isto é, para sua potência nominal (P_{max}) e submúltiplos desta. A Figura 5.34 apresenta a curva da tensão terminal em função da corrente de excitação nas mesmas condições, destacando-se o valor da corrente de excitação nominal (muito acima de 1 pu), bem como o ponto de operação nominal.

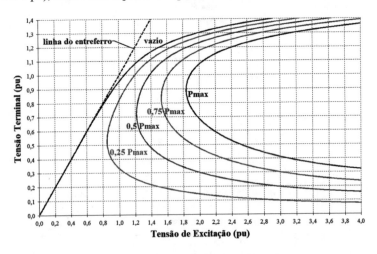

Figura 5.33 – Tensão de excitação (P = Cte e FP nominal)

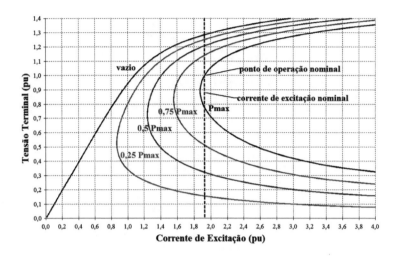

Figura 5.34 – Corrente de excitação (P = Cte e FP nominal)

A Figura 5.35 mostra a curva da tensão terminal em função da tensão de excitação, com o gerador alimentando uma carga com fator de potência unitário em diversos níveis de carregamento, isto é, para sua potência máxima (P_{max}) limitada pela potência máxima da turbina e submúltiplos desta. A Figura 5.36 apresenta a curva da tensão terminal em função da corrente de excitação nas mesmas condições, destacando-se o valor da corrente de excitação nominal.

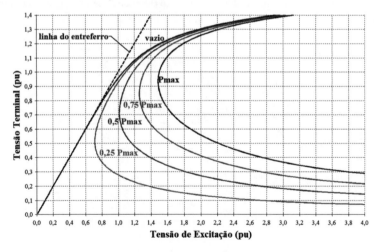

Figura 5.35 – Tensão de excitação (P = Cte e FP unitário)

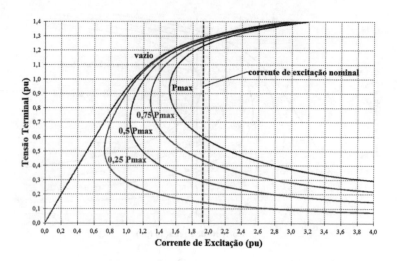

Figura 5.36 – Corrente de excitação (P = Cte e FP unitário)

A Figura 5.37 mostra a curva da tensão terminal em função da tensão de excitação, com o gerador alimentando uma carga com fator de potência nulo em diversos níveis de carregamento, isto é, para sua potência máxima (Q_{max}) limitada pela corrente de excitação nominal e submúltiplos desta, bem como para sua potência mínima (Q_{min}) limitada pela mínima corrente de excitação e seus submúltiplos. A Figura 5.38 ilustra a curva da tensão terminal em função da corrente de excitação nas mesmas condições, destacando-se o valor da corrente de excitação nominal.

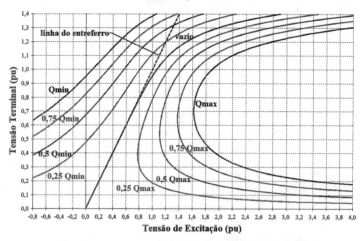

Figura 5.37 – Tensão de excitação (P = Cte e FP nulo)

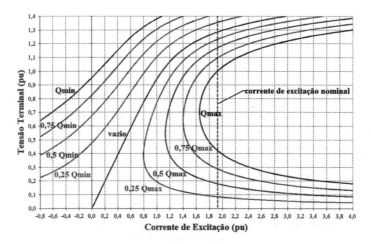

Figura 5.38 – Corrente de excitação (P = Cte e FP nulo)

5.4.2.2 Curvas de Excitação para Carga Tipo I Constante

Nas figuras apresentadas neste item é considerado que a máquina está alimentando uma carga do tipo corrente constante e para fatores de potência nominal, unitário e nulo.

A Figura 5.39 mostra a curva da tensão terminal em função da tensão de excitação, com o gerador alimentando uma carga com fator de potência nominal em diversos níveis de carregamento, isto é, para sua potência nominal (P_{max}) e submúltiplos desta. A Figura 5.40 apresenta a curva da tensão terminal em função da corrente de excitação nas mesmas condições, destacando-se o valor da corrente de excitação nominal, bem como o ponto de operação nominal.

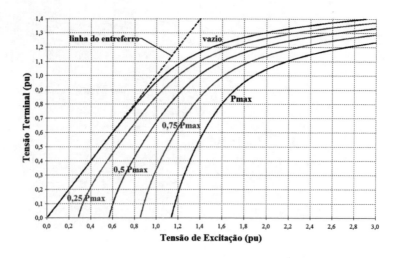

Figura 5.39 – Tensão de excitação (I = Cte e FP nominal)

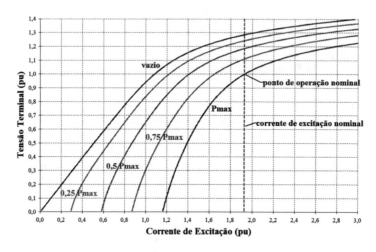

Figura 5.40 – Corrente de excitação (I = Cte e FP nominal)

A Figura 5.41 mostra a curva da tensão terminal em função da tensão de excitação, com o gerador alimentando uma carga com fator de potência unitário em diversos níveis de carregamento, isto é, para sua potência máxima (P_{max}) limitada pela potência máxima da turbina e submúltiplos desta. A Figura 5.42 apresenta a curva da tensão terminal em função da corrente de excitação nas mesmas condições, destacando-se o valor da corrente de excitação nominal.

Capítulo 5 - Modelos de Geradores Síncronos | 137

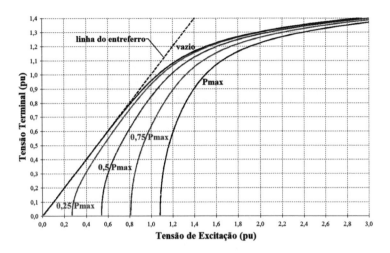

Figura 5.41 – Tensão de excitação (I = Cte e FP unitário)

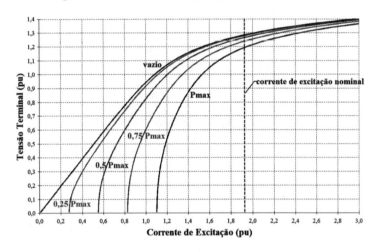

Figura 5.42 – Corrente de excitação (I = Cte e FP unitário)

A Figura 5.43 mostra a curva da tensão terminal em função da tensão de excitação, com o gerador alimentando uma carga com fator de potência nulo em diversos níveis de carregamento, isto é, para sua potência máxima (Q_{max}) limitada pela corrente de excitação nominal e submúltiplos desta, bem como para sua potência mínima (Q_{min}) limitada pela mínima corrente de excitação e seus submúltiplos. A Figura 5.44 ilustra a curva da tensão terminal em função da corrente de excitação nas mesmas condições, destacando-se o valor da corrente de excitação nominal.

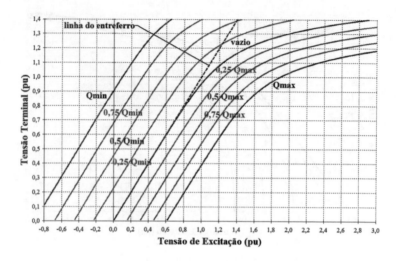

Figura 5.43 – Tensão de excitação ($I = C^{te}$ e FP nulo)

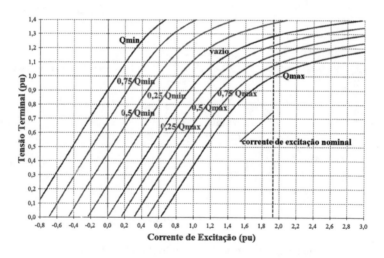

Figura 5.44 – Corrente de excitação ($I = C^{te}$ e FP nulo)

5.4.2.3 Curvas de Excitação para Carga Tipo Z Constante

Nas figuras apresentadas neste item é considerado que a máquina está alimentando uma carga do tipo impedância constante e para fatores de potência nominal, unitário e nulo.

A Figura 5.45 mostra a curva da tensão terminal em função da tensão de excitação, com o gerador alimentando uma carga com fator de potência nominal em diversos níveis de carregamento, isto é, para sua potência nominal (P_{max}) e submúltiplos desta. A Figura 5.46 apresenta a curva da tensão terminal em função da corrente de excitação nas mesmas condições, destacando-se o valor da corrente de excitação nominal, bem como o ponto de operação nominal.

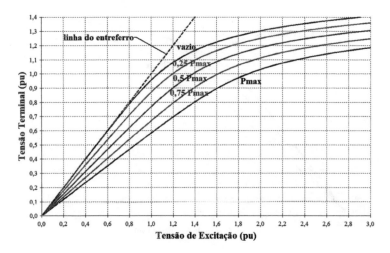

Figura 5.45 – Tensão de excitação ($Z = C^{te}$ e FP nominal)

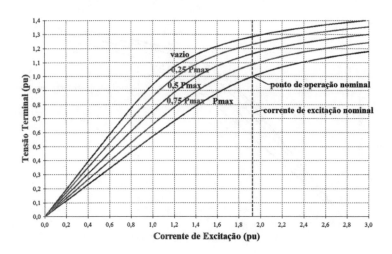

Figura 5.46 – Corrente de excitação ($Z = C^{te}$ e FP nominal)

A Figura 5.47 mostra a curva da tensão terminal em função da tensão de excitação, com o gerador alimentando uma carga com fator de potência unitário em diversos níveis de carregamento, isto é, para sua potência máxima (P_{max}) limitada pela potência máxima turbina e submúltiplos desta. A Figura 5.48 apresenta a curva da tensão terminal em função da corrente de excitação nas mesmas condições, destacando-se o valor da corrente de excitação nominal.

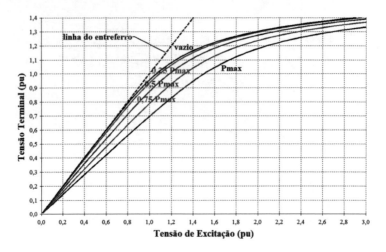

Figura 5.47 – Tensão de excitação ($Z = C^{te}$ e FP unitário)

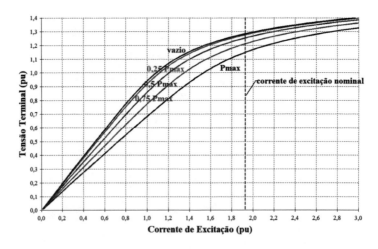

Figura 5.48 – Corrente de excitação ($Z = C^{te}$ e FP unitário)

A Figura 5.49 mostra a curva da tensão terminal em função da tensão de excitação, com o gerador alimentando uma carga com fator de potência nulo em diversos níveis de carregamento, isto é, para sua potência máxima (Q_{max}) limitada pela corrente de excitação nominal e submúltiplos desta, bem como para sua potência mínima (Q_{min}) limitada pela mínima corrente de excitação e seus submúltiplos. A Figura 5.50 ilustra a curva da tensão terminal em função da corrente de excitação nas mesmas condições, destacando-se o valor da corrente de excitação nominal.

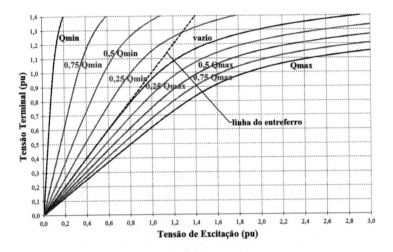

Figura 5.49 – Tensão de excitação (Z = Cte e FP nulo)

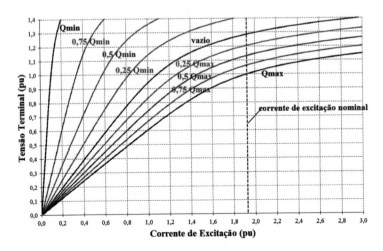

Figura 5.50 – Corrente de excitação (Z = Cte e FP nulo)

5.4.3 Curvas V

As curvas V de um gerador síncrono são dadas para diversas condições de potência ativa constante, onde no eixo das abscissas está a corrente de excitação (corrente nos enrolamentos do rotor) e no eixo das ordenadas a corrente de armadura (corrente nos enrolamentos do estator). Pode-se também traçar no mesmo gráfico as curvas em diversas condições de potência reativa constante, bem como o diagrama de capacidade em função das correntes nos enrolamentos do rotor e do estator.

A Figura 5.51 mostra o gráfico com as curvas V de uma unidade geradora de polos salientes para tensão terminal nominal. A área sombreada corresponde ao diagrama de capacidade de unidade geradora.

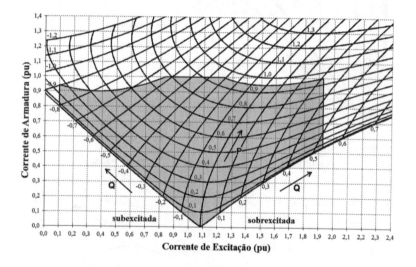

Figura 5.51 – Curvas V (polos salientes)

A Figura 5.52 mostra o gráfico com as curvas V de uma unidade geradora de rotor cilíndrico para tensão terminal nominal. A área sombreada corresponde ao diagrama de capacidade da unidade geradora.

Capítulo 5 - Modelos de Geradores Síncronos | 143

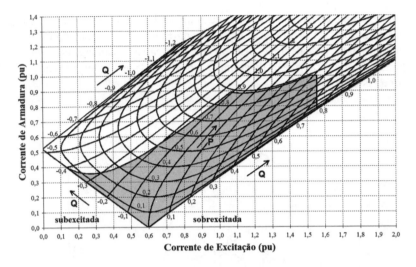

Figura 5.52 – Curvas V (rotor cilíndrico)

5.4.4 Cálculo do Número de Unidades Geradoras

A representação de um sistema elétrico em regime permanente é feita através de equações não lineares, cuja solução pode ser obtida utilizando-se o método de Newton-Raphson. Este método é bastante robusto e por essa razão vem sendo cada vez mais utilizado, principalmente quando o sistema de potência opera próximo de seu limite. Nos programas computacionais que fazem o cálculo das condições de regime permanente, geralmente é considerado nas barras de geração o equivalente total despachado pelas unidades geradoras da usina, para diminuir a dimensão do sistema de equações a ser resolvido. Porém, sabe-se que existem restrições de despacho de potência reativa gerada e com isso deve-se considerá-las para que a solução não fuja da realidade. Usualmente essas restrições são dadas através de limites mínimo e máximo fixos, não dependendo da tensão terminal gerada, bem como do despacho de potência ativa, o que também foge à realidade.

No despacho econômico se prevê a utilização de um número mínimo de unidades geradoras para atender à carga, porém deve-se levar em consideração a segurança do sistema, como por exemplo, deve-se manter uma reserva girante pronta para suprir um determinado aumento no carregamento, controlando o valor da frequência próximo do seu valor nominal.

Um exemplo do cálculo do número de unidades a ser despachado por uma usina é mostrado através do diagrama apresentado na Figura 5.53, adotando o critério de inércia mínima. Nesse cálculo leva-se em consideração a capacidade de cada unidade geradora traduzida em forma de diagrama que depende da tensão terminal de operação, conforme visto no item 5.1.

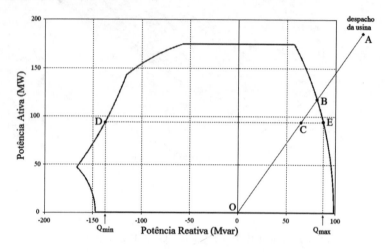

Figura 5.53 – Diagrama para o cálculo do número de unidades

O número de unidades geradoras necessárias ao atendimento da demanda é obtido pelo número inteiro imediatamente acima do valor encontrado na operação de divisão do valor do segmento $\overline{OA}$ pelo valor do segmento $\overline{OB}$. Dividindo-se o valor do segmento $\overline{OA}$ pelo número de unidades encontrado, obtém-se o valor do segmento $\overline{OC}$, que corresponde ao despacho de cada unidade geradora. Definido o despacho da unidade geradora podemos obter os limites de potência reativa mínimo e máximo, dados pelos pontos D e E, respectivamente. A potência reativa mínima corresponde ao valor encontrado de potência reativa para a demanda de potência ativa despachada por cada unidade geradora em operação subexcitada. A potência reativa máxima corresponde ao valor encontrado de potência reativa para a demanda de potência ativa despachada por cada unidade geradora em operação sobrexcitada.

5.4.5 Cálculo Aproximado do Impacto Torcional

Uma aproximação para o estudo de impacto torcional no eixo de máquinas síncronas quando a rede elétrica é submetida a chaveamento de circuitos, principalmente quando se faz o fechamento de grandes anéis, pode ser feita considerando que, inicialmente a tensão interna do gerador não sofre variação brusca. Assim sendo, podemos considerar todas as barras originalmente de tipo PV como PQ e criando-se novas barras do tipo Vθ, calculando-se os valores do fasor de tensão interna atrás da impedância subtransitória de eixo direto, de acordo com o despacho de potência. Este método de cálculo de impacto torcional só tem validade para estudos de casos onde a frequência varia pouco e que não haja problemas de auto-excitação das máquinas envolvidas. Também é importante ressaltar que esta metodologia não deve ser encarada como um substituto àquelas empregadas nos programas de simulação dinâmica, onde além dos valores iniciais também são calculados os valores no decorrer do tempo, considerando a atuação dos reguladores e recursos adicionais de controle. Algumas medidas devem ser tomadas para melhorar a precisão do cálculo, como por exemplo, substituir os *SVC* por elementos *shunt* fixos, *TCSC* por circuitos série com impedância fixa e elos CC por cargas funcionais injetadas nas barras de interface (cargas tipo impedância, corrente ou potência constante, conforme desejado). Estas modificações devem ser feitas principalmente nos casos onde o circuito chaveado está próximo de algum desses elementos da rede. A Figura 5.54 e a Figura 5.55 mostram respectivamente os diagramas unifilar e fasorial com a posição dos fasores de tensão interna (E_i) e terminal (E_t) da máquina.

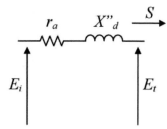

Figura 5.54 – Diagrama unifilar

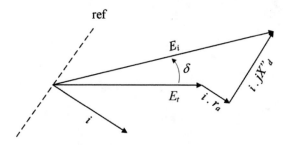

Figura 5.55 – Diagrama fasorial

5.5 Compensadores Síncronos

Os compensadores síncronos são máquinas rotativas similares aos geradores síncronos, cuja função é controlar a tensão por injeção de potência reativa no sistema. No projeto dessas máquinas deve ser levado em consideração a sua operação com fator de potência nominal com valor nulo, isto é, sem gerar potência ativa. Isso otimiza a utilização do enrolamento do estator, mas para isso o enrolamento do rotor deve ser dimensionado adequadamente. Para um gerador síncrono de mesma potência aparente, cujo fator de potência seja 0,9, por exemplo, o seu enrolamento do rotor pode ter a sua seção transversal reduzida, pois a corrente de excitação é menor no ponto de operação nominal. Alguns geradores de usinas são colocados a operar como compensador síncrono para ajudar no controle da tensão, caso a demanda de potência ativa do sistema permita.

Capítulo 6
Modelos de Compensadores Estáticos

Os compensadores estáticos de reativos são equipamentos muito conhecidos pela sua terminologia em inglês *Static Var Compensator* (*SVC*). Servem para fazer o controle contínuo da tensão por intermédio da variação do ângulo de disparo das válvulas tiristorizadas. Devem ser modelados levando em consideração a sua lógica de controle e principalmente os seus limites, que quando são atingidos perdem a capacidade de controle de tensão e passam a se comportarem como capacitor ou reator, cuja potência reativa varia diretamente com o quadrado da tensão. São formados por 2 ramos: um deles possui um reator em série com pontes de tiristores e o outro um capacitor fixo. O primeiro ramo é mais conhecido também por seu termo em inglês *Thyristor Controlled Reactor* (*TCR*), e é o que efetivamente faz o controle contínuo da tensão. A Figura 6.1 apresenta um modelo monofásico simplificado de um *SVC*.

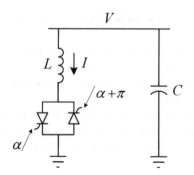

Figura 6.1 – Modelo simplificado de um *SVC*

Onde:

L – indutância do *TCR*
C – capacitância fixa
α – ângulo de disparo das válvulas
I – corrente no *TCR*
V – tensão na barra de conexão

Podemos observar que na ponte de válvulas o ângulo de disparo no sentido inverso acontece atrasado em π para que a onda de corrente no *TCR* seja simétrica, facilitando a filtragem dos harmônicos gerados nesse ramo.

Vamos primeiramente analisar o ramo do *TCR*, cujas características são equivalentes a de um reator variável, como mostra a Figura 6.2. Portanto, dependendo do ângulo de disparo, a forma de onda da corrente é modificada, pois a ponte de tiristores impede a sua passagem até o momento em que recebe o sinal para condução no gatilho, só voltando a ser interrompida quando passa por zero. No sentido inverso, a ponte libera a passagem da corrente, com o ângulo de disparo atrasado em π em relação ao sinal no sentido direto, para manter a simetria da onda.

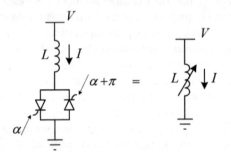

Figura 6.2 – Características equivalentes de um *TCR*

A Figura 6.3 mostra as formas de onda da tensão, da corrente no *TCR*, bem como a sua correspondente componente fundamental. As componentes harmônicas devem ser filtradas para não provocar distorções no sistema elétrico. O ângulo de condução σ está associado com os instantes em que o *TCR* está com passagem de corrente elétrica. O seu cálculo é bastante simples, sendo dado por $\sigma = 2(\pi - \alpha)$. Os limites de variação do ângulo de disparo são $90° \leq \alpha \leq 180°$ e consequentemente o do ângulo de condução $180° \geq \sigma \geq 0°$. A corrente no ramo do *TCR* é dada pela seguinte função:

$$i = \begin{cases} \dfrac{\sqrt{2}\,V}{\omega L}(\cos\alpha - \cos\omega t) & \text{para} \quad \alpha < \omega t < \alpha + \sigma \\ 0 & \text{para} \quad \alpha + \sigma - \pi < \omega t < \alpha \quad \text{ou} \quad \alpha + \sigma < \omega t < \alpha + \pi \end{cases}$$

Para se calcular a componente fundamental da corrente que passa pelo *TCR* devemos recorrer à teoria das séries de Fourier, cuja função é dada por:

$$i_f = -\frac{\sqrt{2}\,V}{\omega L}\frac{\sigma - \text{sen}\,\sigma}{\pi}$$

Então, podemos calcular a susceptância equivalente do *TCR* em função do ângulo de disparo:

$$B(\alpha) = \frac{i_f}{V} = \frac{\sigma - \text{sen}\,\sigma}{\pi\,\omega L} = \frac{2(\pi - \alpha) + \text{sen}\,2\alpha}{\pi\,\omega L}$$

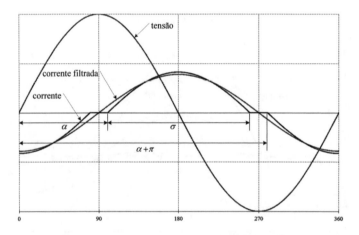

Figura 6.3 – Tensão e corrente no *TCR*

A Figura 6.4 mostra as formas de onda da corrente no ramo do *TCR* para algumas condições de ângulo de disparo e o respectivo ângulo de condução.

A forma de onda da componente fundamental da corrente no *TCR* (corrente filtrada) pode ser vista na Figura 6.5, também para algumas condições de ângulo de disparo e o respectivo ângulo de condução.

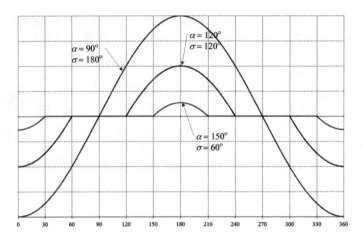

Figura 6.4 – Corrente no *TCR*

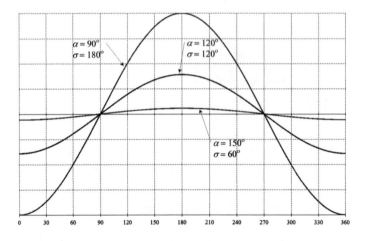

Figura 6.5 – Corrente filtrada no *TCR*

Ao circuito da Figura 6.2 vamos acrescentar o ramo do capacitor fixo e analisaremos as características de comportamento da tensão e da corrente no *SVC* como um todo. A Figura 6.6 apresenta o circuito do *SVC*, cujo controle deve incluir uma inclinação positiva para não provocar instabilidade ou mais de uma solução para a mesma tensão de operação.

Podemos observar que a operação do *SVC* no limite inferior acontece quando se deseja subir a tensão e o ângulo de disparo já atingiu o seu valor máximo, reduzindo ao mínimo a corrente no *TCR*, ficando praticamente com apenas o capacitor em operação. A operação no limite superior se dá quando se deseja diminuir o valor da tensão e o ângulo de disparo já atingiu o mínimo, fazendo com que a corrente no *TCR* seja máxima. Nessa situação, praticamente tanto o indutor quanto o capacitor estão totalmente inseridos no sistema. Os circuitos eletrônicos de controle do ângulo de disparo não permitem que os seus limites possam atingir os valores teóricos de 90° e 180° para o mínimo e máximo, respectivamente.

De fato, se traçarmos retas horizontais no gráfico de corrente versus tensão, poderemos ver que só existe uma condição operativa para cada valor de tensão, devido a inclinação K_{SL} incluída no controle. Se não existisse essa inclinação, teríamos vários valores de corrente para a mesma tensão de operação. Surge então um problema quanto ao valor de K_{SL}, pois na faixa sob controle, a tensão se estabiliza entre 2 limites que não devem ser muito distantes um do outro, para que não haja flutuação significativa no valor da tensão controlada.

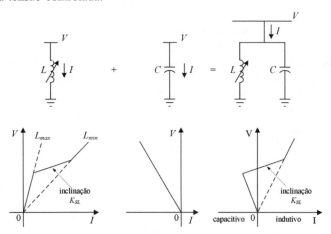

Figura 6.6 – Características de um *SVC*

A Figura 6.7 mostra as características de operação de um *SVC* para algumas condições impostas pelo sistema elétrico. O ponto A fornece condições em que o *SVC* não gera nem absorve reativos do sistema, mantendo a tensão em V_0. No ponto B, o *SVC* está absorvendo reativos para manter a tensão no valor V_3. Já no ponto C, a tensão fica estabelecida em V_4 com a geração de reativos imposta pela corrente I_4. As tensões V_1 e V_2 são estabelecidas fora da região controlável do *SVC*, com os limites de ângulo de disparo atingidos no mínimo e máximo, respectivamente.

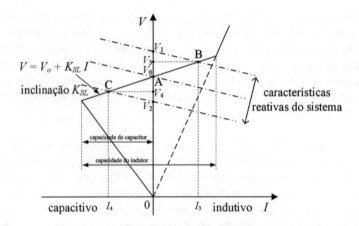

Figura 6.7 – Características operativas de um SVC

Algumas condições impostas pelo sistema, apresentadas na Figura 6.8, podem ser analisadas de forma simplificada utilizando o teorema de Thévenin, fazendo a variação dos parâmetros do circuito equivalente. A primeira condição é mostrada mantendo-se a tensão da fonte e a reatância equivalente constantes. A segunda faz-se a variação apenas da tensão da fonte, observando um deslocamento vertical na característica da corrente versus a tensão na carga. Na terceira condição fazemos apenas a variação da reatância, mantendo a tensão da fonte constante. Observamos que há uma mudança de inclinação na referida característica, que aumenta quando o valor da reatância equivalente também aumenta.

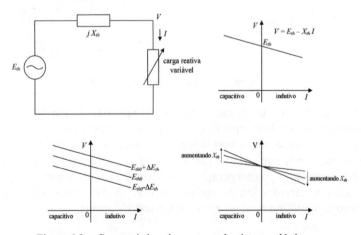

Figura 6.8 – Características impostas pelo sistema elétrico

Como pudemos ver pela Figura 6.7, a capacidade de reativos do indutor depende da potência do capacitor. Por exemplo, se formos dimensionar um *SVC* para operar entre -100 Mvar e +100 Mvar, o reator deve ter potência de 200 Mvar para um capacitor de 100 Mvar, pois quando o ângulo de disparo é mínimo, todo o reator está inserido, proporcionando uma potência equivalente de -100 Mvar, enquanto que para o ângulo de disparo máximo, o reator é retirado de operação, ficando apenas o capacitor de 100 Mvar.

Para se reduzir o custo do reator, podemos fazer o chaveamento controlado do capacitor, cujo sistema de controle é bem mais barato quando comparado com o ganho obtido na redução do valor do reator. No exemplo anterior, o reator pode ser de 100 Mvar em vez de 200 Mvar. Então, teremos duas situações operativas, ou seja, uma com o capacitor incluído no circuito e a outra sem o capacitor. Vamos supor que o sistema está numa condição em que está absorvendo potência reativa do sistema no seu limite, com o ângulo de disparo no valor mínimo e, portanto em -100 Mvar, com o capacitor desligado. Agora, o sistema passa por necessidade de reativos imposta pelo crescimento lento da carga. Então, o ângulo de disparo começa a aumentar, reduzindo a absorção de reativos do *SVC*. Quando o ângulo de disparo atinge o valor máximo, tornando nula a potência reativa absorvida, o sistema de controle do *SVC* liga o capacitor e rapidamente traz novamente o ângulo de disparo para o seu valor mínimo, para que não haja descontinuidade no valor da potência reativa gerada. A partir daí, começa a aumentar o ângulo de disparo para que entre em modo de geração de reativos, até eventualmente atingir o limite máximo e, a partir do qual perde o controle da tensão. No instante de transição há um transitório muito rápido por conta dos circuitos de controle serem dotados de elementos eletrônicos praticamente sem inércia. No sentido inverso, a operação do sistema de controle do *SVC* é similar, com o ângulo de disparo saindo do valor máximo para o valor mínimo, com o capacitor conectado, atingindo a geração nula de reativos. Em seguida é feito o desligamento do capacitor e o ângulo de disparo é levado ao seu valor máximo. Então, o sistema de controle do *SVC* reduz o ângulo de disparo para que possa operar absorvendo reativos do sistema até o limite mínimo do seu valor. A partir daí, novamente o *SVC* perde a sua função de controle da tensão.

Na prática, alguns *SVC* instalados no sistema elétrico possuem mais de um banco de capacitores com chaveamento controlado, para redução de impactos provocados nos instantes de transição. A Figura 6.9 mostra as características da operação de um *SVC* com mais de um banco de capacitores chaveados automaticamente pelo seu sistema de controle. Nessa figura também acrescentamos o circuito correspondente ao filtro de harmônicos, que é um circuito LC série, sintonizado para cortar as correntes nas frequências harmônicas, seguindo a relação que se dá quando a impedância equivalente é nula, isto é:

$$f = \frac{1}{2\pi}\sqrt{\frac{1}{LC}}.$$

Nesse exemplo existem 3 condições operativas de aumento de reativos e 3 condições de redução. A primeira condição no sentido de aumento se dá com os 2 bancos de capacitores desligados. Na segunda faz-se o chaveamento do primeiro banco e na terceira o do segundo. A primeira condição operativa no sentido de redução de reativos se dá com os 2 bancos de capacitores ligados. Na segunda desliga-se o primeiro banco e na terceira o segundo. Podemos observar que existem condições que se sobrepõem uma às outras, podendo o *SVC* estar operando gerando ou absorvendo o mesmo reativo com diferentes situações de conexão dos bancos de capacitores, dependendo se o último chaveamento foi no sentido de aumento ou de redução do valor da potência reativa. Isso faz com que se tenha uma característica de histerese do sistema de controle do *SVC*.

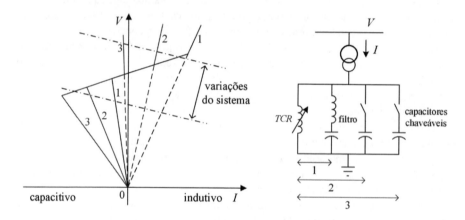

Figura 6.9 – Características de um *SVC* com mais de um estágio

O desenvolvimento da equação da corrente no ramo do *TCR* em série de Fourier mostra que não existem os harmônicos de ordem par, com isso, não há necessidade de gastos com a sua filtragem. Geralmente, um *SVC* é conectado em delta para que os harmônicos múltiplos de 3 fiquem em circulação no delta, não indo para o sistema elétrico, isto é, os 3°, 9°, 15°, etc., pois os 6°, 12°, 18°, etc. são múltiplos de 3 mas são pares, portanto já não existem. Essa forma de conexão com o sistema, através de *TCR* de 6 pulsos é mostrada na Figura 6.10. O primeiro harmônico a ser filtrado é o 7°, que já tem a sua amplitude bastante reduzida.

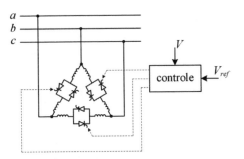

Figura 6.10 – *SVC* com *TCR* de 6 pulsos

Para diminuir ainda mais o custo com a filtragem harmônica, pode-se fazer uma conexão do *SVC* com *TCR* de 12 pulsos. Para isso, é necessário utilizar um transformador de 3 enrolamentos, geralmente com o primário ligado em estrela, um secundário ligado em delta e o outro em estrela, para se obter uma defasagem de 30° entre os secundários. A Figura 6.11 apresenta esse tipo de conexão com a rede elétrica, onde o primeiro harmônico a ser filtrado é o 11°.

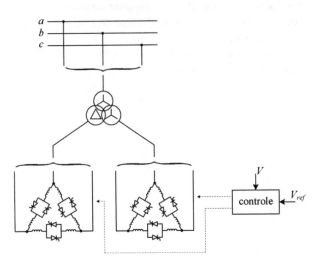

Figura 6.11 – *SVC* com *TCR* de 12 pulsos

A Figura 6.12 mostra o diagrama em blocos no domínio da frequência de um modelo de *SVC*.

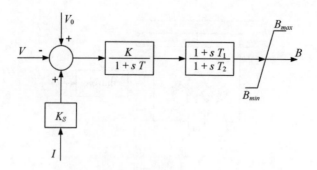

Figura 6.12 – Modelo de Controle de um *SVC*

Onde:

K_S — inclinação ajustada da faixa controlada do *SVC*
K — ganho do regulador
T — atraso do regulador
T_1 — constante de avanço do compensador de fase
T_2 — constante de atraso do compensador de fase
B_{min} — susceptância mínima equivalente do *SVC*
B_{max} — susceptância máxima equivalente do *SVC*
V — tensão da barra controlada
I — corrente do *SVC*
V_0 — tensão para potência reativa nula

Capítulo 7
Modelos de Compensadores Série

Em alguns casos o controle de fluxo de potência em linhas de transmissão é importante tanto para manutenção da segurança do sistema elétrico, limitando intercâmbios entre regiões, como também modulando o seu valor para amortecer possíveis oscilações de potência entre áreas geoelétricas. Equipamentos que utilizam conceitos da eletrônica de potência são usados para essa finalidade. São mais conhecidos pelo seu termo em inglês *Flexible AC Transmission Systems* (*FACTS*). Os compensadores série mais empregados são o *Thyristor Controlled Series Capacitor* (*TCSC*) e o *Thyristor Switched Series Capacitor* (*TSSC*). O primeiro exerce uma ação contínua de controle, enquanto o segundo trabalha com ação discreta, chaveando capacitores. Ambos podem fazer o controle da potência ativa, corrente ou reatância, incluindo um efeito equivalente ao de um capacitor variável em série com a linha sob controle. A Figura 7.1 mostra um modelo de *TCSC* conectado a uma linha de transmissão cuja variável controlada é a potência ativa transportada.

O fluxo de potência ativa na LT pode ser calculado de forma simplificada pela seguinte equação:

$$P_{ik} \approx \frac{V_i V_k}{(X_L - X_C)} \operatorname{sen}(\theta_i - \theta_k)$$

Onde:

V_i e V_k – módulo das tensões nas extremidades do circuito
θ_i e θ_k – fase das tensões nas extremidades do circuito
X_L – reatância indutiva da linha
X_C – reatância capacitiva equivalente do *TCSC*

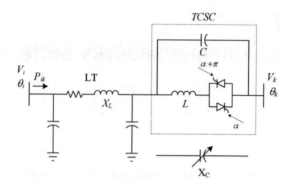

Figura 7.1 – Conexão de um *TCSC*

Um modelo com controlador proporcional-integral do fluxo de potência ativa no circuito de transmissão pode ser visto na Figura 7.2. Esse tipo de controlador garante que enquanto o valor de P não for igual ao de P_{ref}, a ação de controle permanece atuando variando o valor de B.

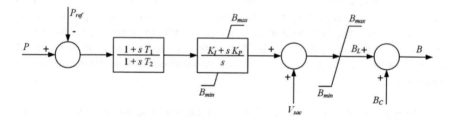

Figura 7.2 – Modelo de Controle de um *TCSC*

Onde:

P — potência ativa sob controle
P_{ref} — potência ativa de referência
T_1 — constante de avanço do compensador de fase
T_2 — constante de atraso do compensador de fase
K_P — ganho do canal proporcional
K_I — ganho do canal integral
B_{min} — limite mínimo da susceptância indutiva
B_{max} — limite máximo da susceptância indutiva
B_L — valor da susceptância indutiva variável
B_C — valor da susceptância capacitiva fixa

B – valor da susceptância total

V_{sac} – sinal adicional para amortecimento das oscilações

No sistema elétrico brasileiro é empregado um *TCSC* com a finalidade de apenas amortecer as oscilações de potência na interligação entre os subsistemas norte e sudeste. Com a implantação dessa importante interligação, foi verificada uma oscilação do tipo interárea com uma frequência de aproximadamente 0,17 Hz e com baixíssimo amortecimento quando operava com apenas um único circuito de transmissão. Nessa faixa de frequência os *PSS* (*Power System Stabilizer*) não conseguem efetividade no amortecimento, pois são projetados prioritariamente para amortecer as oscilações eletromecânicas dos geradores, cuja variável sob controle é o desvio de frequência dos rotores, que está na faixa usual entre 0,8 e 2,5 Hz.

Capítulo 8
Método de Newton-Raphson

Vamos considerar o seguinte sistema não linear a ser resolvido pelo método de Newton-Raphson.

$$\begin{cases} f_1(x_1, x_2, \cdots, x_n) = 0 \\ f_2(x_1, x_2, \cdots, x_n) = 0 \\ \quad \vdots \\ f_n(x_1, x_2, \cdots, x_n) = 0 \end{cases}$$

Se todas as funções forem contínuas e deriváveis em todo o domínio, podemos desenvolvê-las em série de Taylor em torno de uma vizinhança $(\Delta x_1, \Delta x_2, ..., \Delta x_n)$, onde:

$(\Delta x_1, \Delta x_2, ..., \Delta x_n)$, – vizinhança em torno do ponto $(x_1, x_2, ..., x_n)$,

$\phi_1(x_1, x_2, ..., x_n, \Delta x_1, \Delta x_2, ..., \Delta x_n)$ – função das vizinhanças $(\Delta x_1, \Delta x_2, ..., \Delta x_n)$ e das derivadas parciais de ordem superior a 1 da função $f_1(x_1, x_2, ..., x_n)$ em relação às variáveis $x_1, x_2, ..., x_n$.

$\phi_2(x_1, x_2, ..., x_n, \Delta x_1, \Delta x_2, ..., \Delta x_n)$ – função das vizinhanças $(\Delta x_1, \Delta x_2, ..., \Delta x_n)$ e das derivadas parciais de ordem superior a 1 da função $f_2(x_1, x_2, ..., x_n)$ em relação às variáveis $x_1, x_2, ..., x_n$.

$\phi_n(x_1, x_2, ..., x_n, \Delta x_1, \Delta x_2, ..., \Delta x_n)$ – função das vizinhanças $(\Delta x_1, \Delta x_2, ..., \Delta x_n)$ e das derivadas parciais de ordem superior a 1 da função $f_n(x_1, x_2, ..., x_n)$ em relação às variáveis $x_1, x_2, ..., x_n$.

$$
\left\{
\begin{aligned}
f_1\left(x_1+\Delta x_1, x_2+\Delta x_2, \cdots, x_n+\Delta x_n\right) &= f_1\left(x_1, x_2, \cdots, x_n\right) + \frac{\partial f_1\left(x_1, x_2, \cdots, x_n\right)}{\partial x_1}\Delta x_1 + \\
&\quad \frac{\partial f_1\left(x_1, x_2, \cdots, x_n\right)}{\partial x_2}\Delta x_2 + \cdots + \\
&\quad \frac{\partial f_1\left(x_1, x_2, \cdots, x_n\right)}{\partial x_n}\Delta x_n + \\
&\quad \phi_1\left(x_1, x_2, \cdots, x_n, \Delta x_1, \Delta x_2, \cdots, \Delta x_n\right) = 0 \\[6pt]
f_2\left(x_1+\Delta x_1, x_2+\Delta x_2, \cdots, x_n+\Delta x_n\right) &= f_2\left(x_1, x_2, \cdots, x_n\right) + \frac{\partial f_2\left(x_1, x_2, \cdots, x_n\right)}{\partial x_1}\Delta x_1 + \\
&\quad \frac{\partial f_2\left(x_1, x_2, \cdots, x_n\right)}{\partial x_2}\Delta x_2 + \cdots + \\
&\quad \frac{\partial f_2\left(x_1, x_2, \cdots, x_n\right)}{\partial x_n}\Delta x_n + \\
&\quad \phi_2\left(x_1, x_2, \cdots, x_n, \Delta x_1, \Delta x_2, \cdots, \Delta x_n\right) = 0 \\[6pt]
&\qquad\qquad \vdots \\[6pt]
f_n\left(x_1+\Delta x_1, x_2+\Delta x_2, \cdots, x_n+\Delta x_n\right) &= f_n\left(x_1, x_2, \cdots, x_n\right) + \frac{\partial f_n\left(x_1, x_2, \cdots, x_n\right)}{\partial x_1}\Delta x_1 + \\
&\quad \frac{\partial f_n\left(x_1, x_2, \cdots, x_n\right)}{\partial x_2}\Delta x_2 + \cdots + \\
&\quad \frac{\partial f_n\left(x_1, x_2, \cdots, x_n\right)}{\partial x_n}\Delta x_n + \\
&\quad \phi_n\left(x_1, x_2, \cdots, x_n, \Delta x_1, \Delta x_2, \cdots, \Delta x_n\right) = 0
\end{aligned}
\right.
$$

A linearização do sistema de equações consiste em desprezarmos as derivadas parciais de ordem superior a 1, isto é, fazermos ϕ_1, ϕ_2, ..., $\phi_n = 0$. Com isto podemos calcular, aproximadamente, os desvios Δx_1, Δx_2, ..., Δx_n do sistema linear formado por:

$$\begin{bmatrix} \dfrac{\partial f_1(x_1,x_2,\cdots x_n)}{\partial x_1} & \dfrac{\partial f_1(x_1,x_2,\cdots x_n)}{\partial x_2} & \cdots & \dfrac{\partial f_1(x_1,x_2,\cdots x_n)}{\partial x_n} \\ \dfrac{\partial f_2(x_1,x_2,\cdots x_n)}{\partial x_1} & \dfrac{\partial f_2(x_1,x_2,\cdots x_n)}{\partial x_2} & \cdots & \dfrac{\partial f_2(x_1,x_2,\cdots x_n)}{\partial x_n} \\ \vdots & \vdots & \ddots & \vdots \\ \dfrac{\partial f_n(x_1,x_2,\cdots x_n)}{\partial x_1} & \dfrac{\partial f_n(x_1,x_2,\cdots x_n)}{\partial x_2} & \cdots & \dfrac{\partial f_n(x_1,x_2,\cdots x_n)}{\partial x_n} \end{bmatrix} \begin{bmatrix} \Delta x_1 \\ \Delta x_2 \\ \vdots \\ \Delta x_n \end{bmatrix} = - \begin{bmatrix} f_1(x_1,x_2,\cdots x_n) \\ f_2(x_1,x_2,\cdots x_n) \\ \vdots \\ f_n(x_1,x_2,\cdots x_n) \end{bmatrix}$$

Ou, de forma compacta: $J\,\Delta x = -f$

Onde:
J – Matriz Jacobiano do sistema de equações não lineares
Δx – Vetor de desvios das variáveis x_i, com i = 1, 2, ..., n
f – Vetor de funções que formam o sistema

Com o desenvolvimento de uma função em série de Taylor transforma-se esta em um polinômio de infinitos termos e à medida que o grau do termo vai aumentando, o seu coeficiente vai diminuindo. A linearização é feita para tornar fácil a determinação do vetor de desvios Δx, pois se esta não fosse feita, estaríamos modificando um sistema não linear qualquer para outro sistema também não linear, só que de forma polinomial. A Figura 8.1 mostra a evolução da solução de um sistema não linear que foi linearizado.

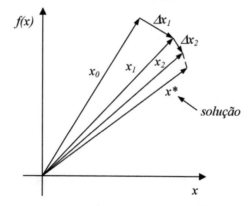

Figura 8.1 – Evolução da solução de um sistema não linear

Pelo fato de fazermos a linearização do sistema de equações, a solução encontrada para o vetor x não é correta, porém espera-se que a atualização dos valores de x,

164 | Sistemas Elétricos de Potência e seus Principais Componentes

fazendo $x = x + \Delta x$, fará com que os valores atuais de x estejam mais próximos da solução do que os anteriores. Com os novos valores de x podemos formar o novo sistema linearizado no novo ponto estabelecido. Este processo é repetitivo e a cada iteração devemos testar os erros relativos referentes a cada valor de x. A solução será dada quando estes erros forem menores que uma dada tolerância, escolhida de forma adequada para satisfazer as condições de precisão desejada.

Referências Bibliográficas

[1] *ANDERSON, Paul M.*, Analysis of Faulted Power Systems, *Iowa State University Press, First Edition, Ames, Iowa, USA, 1976. 513p.*

[2] *ELGERD, Olle I.* – Electric Energy Systems Theory: An Introduction, *McGraw-Hill Book Company, First Edition, USA, 1971. 564p.*

[3] *EPRI, Electric Power Research Institute*, Transmission Line Reference Book 345kV and Above, *Electric Power Research Institute, Second Edition, Pittsfield, Massachusetts, USA, 1982. 625p.*

[4] *FITZGERALD, A. E., KINGSLEY Jr., Charles, KUSKO, Alexander* – Máquinas Elétricas, *Editora McGraw-Hill do Brasil Ltda., 1ª Edição, Rio de Janeiro, RJ, Brasil, 1975. 623p.*

[5] *GUIMARÃES, Carlos Henrique Costa* – Simulação Dinâmica de Sistemas Elétricos de Potência Considerando os Fenômenos de Longa Duração, *Tese de Doutorado, COPPE/UFRJ, Rio de Janeiro, RJ, Brasil, 2003. 332p.*

[6] *KUNDUR, Prabha*, Power System Stability and Control, *McGraw-Hill, First Edition, New York, NY, USA, 1994. 1176p.*

[7] *MONTICELLI, Alcir José* – Fluxo de Carga em Redes de Energia Elétrica, *Editora Edgard Blücher Ltda., 1ª Edição, São Paulo, SP, Brasil, 1983. 164p.*

[8] *NEUENSWANDER, John R.* – Modern Power Systems, *International Textbook Company, First Edition, USA, 1971. 411p.*

[9] *STAGG, Glenn W. and EL-ABIAD, Ahmed H.* – Computer Methods in Power System Analysis, *McGraw-Hill Book Company, First Edition, USA, 1968. 419p.*

[10] *STEVENSON Jr., William D.* – Elements of Power System Analysis, *McGraw-Hill Book Company, Second Edition, USA, 1962. 388p.*

[11] *STOTT, Brian* – Power System Load Flow Calculation, *Comissão de Publicações da COPPE/UFRJ PDD 16/78, Rio de Janeiro, RJ, Brasil, 1978. 43p.*

[12] *STOTT, Brian* – Review of Load Flow Calculation Methods, *Proceedings of the IEEE, Volume 62, No.7, pp.916-929, July, USA, 1974.*

Anexos

A.1 – Código para o Cálculo do Fluxo de Potência

Arquivo FLUXO.FOR

```
      PROGRAM FLUXO
C
      IMPLICIT NONE
C
      INCLUDE 'FLUXO.PAR'
      INCLUDE 'FLUXO.BLK'
C
      CHARACTER*12 ARQIN, ARQOUT
      CHARACTER*80 BUFFER
      COMPLEX*16 Y(DIM,DIM), YSHUNT(DIM,DIM), RELACAO_DE_TRANSFORMACAO,
     *           YIKL, YKIL, Y_SERIE, SOMA_COMPLEX
C
      REAL*8 PIK, QIK, LIMITE_INFERIOR, LIMITE_SUPERIOR, SOLUCAO(2*DIM),
     *       Q_GER_MIN(DIM), Q_GER_MAX(DIM), FLUXO_ATIVO(DIM,DIM),
     *       FLUXO_REATIVO(DIM,DIM), V(DIM), PL, QL, PG, QG, QGMIN,
     *       QGMAX, GL, BL, TENSAO, AN, R, X, B, REL, DEF,
     *       PARTE_REAL_RELACAO, PARTE_IMAG_RELACAO, TESTE_DE_LIMITE,
     *       SOMATORIO, CARGA_ATIVA_TOTAL, CARGA_REATIVA_TOTAL,
     *       GERACAO_ATIVA_TOTAL, GERACAO_REATIVA_TOTAL, ANGULO,
     *       PERDA_ATIVA, PERDA_REATIVA, TESTE
C
      INTEGER*4 I, J, K, NUMERO_DA_BARRA(DIM), TIPO_DA_BARRA(DIM), TP,
     *          IR, IW, IOS1, IOS2, NB, NBARRA, NBF, NBT, NF, NT, I1
C
      CHARACTER CONTROLE_REATIVO(DIM)
C
      PIK(I,K) = E(I)**2 * (REAL(YSHUNT(I,K)) + REAL(Y(I,K))) -
     *              E(I)*E(K) * (REAL(Y(I,K)) * COS(ANG(I)-ANG(K)) +
     *                          AIMAG(Y(I,K)) * SIN(ANG(I)-ANG(K)))
C
      QIK(I,K) = -E(I)**2 * (AIMAG(YSHUNT(I,K))+AIMAG(Y(I,K))) -
     *              E(I)*E(K) * (REAL(Y(I,K)) * SIN(ANG(I)-ANG(K)) -
```

168 | Sistemas Elétricos de Potência e seus Principais Componentes

```fortran
      *                                    AIMAG(Y(I,K)) * COS(ANG(I)-ANG(K)))
C
      IR = 5
      IW = 6
C
   10 WRITE(*,1700)
      READ(*,1100) ARQIN
C
      WRITE(*,1800)
      READ(*,1100) ARQOUT
C
      IF( ARQIN.EQ.' ' ) ARQIN = 'FLUXO.DAT'
      IF( ARQOUT.EQ.' ' ) ARQOUT = 'FLUXO.OUT'
C
      OPEN(UNIT=IR,FILE=ARQIN,STATUS='OLD',IOSTAT=IOS1)
      OPEN(UNIT=IW,FILE=ARQOUT,STATUS='UNKNOWN',IOSTAT=IOS2)
C
      IF( IOS1.NE.0 .OR. IOS2.NE.0 ) GO TO 10
C
      NUMERO_DE_BARRAS_PV = 0
      NUMERO_DE_BARRAS_PQ = 0
      CONTADOR_DE_ITERACOES = 0
C
      DO I = 1,DIM
C
         CONTROLE_REATIVO(I) = ' '
         CONTROLE(I) = .FALSE.
C
         DO K = 1,DIM
C
            Y(I,K) = CMPLX(0.,0.)
            YBUS(I,K) = CMPLX(0.,0.)
            YSHUNT(I,K) = CMPLX(0.,0.)
            FLUXO_ATIVO(I,K) = 0.
            FLUXO_REATIVO(I,K) = 0.
C
         END DO
C
      END DO
C
      NB = 0
C
   20 READ(IR,1100) BUFFER
C
      DO I = 1, 80
         IF( BUFFER(I:I).EQ.' ' ) BUFFER(I:I) = ','
      END DO
C
      TP = 3
      PL = 0.0
      QL = 0.0
```

```fortran
      PG = 0.0
      QG = 0.0
      QGMIN = -9999.0
      QGMAX = 9999.0
      GL = 0.0
      BL = 0.0
      TENSAO = 1.0
      AN = 0.0
      READ(BUFFER,*) NBARRA, TP, PL, QL, PG, QG, QGMIN, QGMAX, GL, BL,
     *               TENSAO, AN
C
      IF( NBARRA.NE.0 ) THEN
C
         NB = NB + 1
         NUMERO_DA_BARRA(NB) = NBARRA
         TIPO(NB) = TP
         TIPO_DA_BARRA(NB) = TP
         E(NB) = TENSAO
         V(NB) = TENSAO
         ANG(NB) = AN * PI/180.
         YSHUNT(NB,NB) = CMPLX(GL,BL)
         P_CARGA(NB) = PL
         Q_CARGA(NB) = QL
         P_GERACAO(NB) = PG
         Q_GERACAO(NB) = QG
         Q_GER_MIN(NB) = QGMIN
         Q_GER_MAX(NB) = QGMAX
C
         IF( TP.EQ.2 ) NUMERO_DE_BARRAS_PV = NUMERO_DE_BARRAS_PV + 1
C
         IF( TP.EQ.3 ) NUMERO_DE_BARRAS_PQ = NUMERO_DE_BARRAS_PQ + 1
C
         GO TO 20
C
      END IF
C
      NUMERO_DE_BARRAS = NUMERO_DE_BARRAS_PQ + NUMERO_DE_BARRAS_PV + 1
C
   30 READ(IR,1100) BUFFER
C
      DO I = 1, 80
         IF( BUFFER(I:I).EQ.' ' ) BUFFER(I:I) = ','
      END DO
C
      R = 0.0
      X = 0.0
      B = 0.0
      REL = 0.0
      DEF = 0.0
      READ(BUFFER,*) NBF, NBT, R, X, B, REL, DEF
C
```

170 | Sistemas Elétricos de Potência e seus Principais Componentes

```fortran
      IF( NBF.NE.0 ) THEN
C
         DO I = 1, NUMERO_DE_BARRAS
C
            IF( NUMERO_DA_BARRA(I).EQ.NBF ) NF = I
            IF( NUMERO_DA_BARRA(I).EQ.NBT ) NT = I
C
         END DO
C
         IF( REL.EQ.0. ) THEN
C
            Y(NF,NT) = Y(NF,NT) + 1./CMPLX(R,X)
            Y(NT,NF) = Y(NT,NF) + 1./CMPLX(R,X)
C
            IF( B.NE.0. ) THEN
C
               YSHUNT(NF,NT) = YSHUNT(NF,NT) + CMPLX(0.,B/2.)
               YSHUNT(NT,NF) = YSHUNT(NF,NT)
C
            END IF
C
         ELSE
C
            Y_SERIE = 1./CMPLX(R,X)
            PARTE_REAL_RELACAO = 1./REL * COS(DEF*PI/180.)
            PARTE_IMAG_RELACAO = 1./REL * SIN(DEF*PI/180.)
            RELACAO_DE_TRANSFORMACAO = CMPLX(PARTE_REAL_RELACAO,
     *                                  PARTE_IMAG_RELACAO)
C
            YIKL = CONJG(RELACAO_DE_TRANSFORMACAO) * Y_SERIE
            YKIL = RELACAO_DE_TRANSFORMACAO * Y_SERIE
C
            YSHUNT(NF,NT) = YSHUNT(NF,NT) + (PARTE_REAL_RELACAO**2 +
     *                      PARTE_IMAG_RELACAO**2) * Y_SERIE - YIKL
            YSHUNT(NT,NF) = YSHUNT(NT,NF) + Y_SERIE - YKIL
C
            Y(NF,NT) = Y(NF,NT) + YIKL
            Y(NT,NF) = Y(NT,NF) + YKIL
C
         END IF
C
         GO TO 30
C
      END IF
C
C — FORMACAO DA MATRIZ YBUS
C
      DO I = 1,NUMERO_DE_BARRAS
C
         SOMA_COMPLEX = CMPLX(0.,0.)
C
```

```fortran
          DO K = 1,NUMERO_DE_BARRAS
C
              SOMA_COMPLEX = SOMA_COMPLEX + Y(I,K) + YSHUNT(I,K)
C
          END DO
C
          YBUS(I,I) = SOMA_COMPLEX
C
      END DO
C
      DO I = 1,NUMERO_DE_BARRAS
C
          DO K = 1,NUMERO_DE_BARRAS
C
              IF( I.NE.K ) YBUS(I,K) = - Y(I,K)
C
          END DO
C
      END DO
C
      DO I = 1,NUMERO_DE_BARRAS
C
          WRITE(IW,1000) (YBUS(I,J),J=1,NUMERO_DE_BARRAS)
C
      END DO
C
   40 CONTADOR_DE_ITERACOES = CONTADOR_DE_ITERACOES + 1
C
      DO I = 1,NUMERO_DE_BARRAS
C
          DO K = 1,NUMERO_DE_BARRAS
C
              IF( I.NE.K ) THEN
C
                  FLUXO_ATIVO(I,K) = PIK(I,K)
                  FLUXO_REATIVO(I,K) = QIK(I,K)
C
              ELSE
C
                  FLUXO_ATIVO(I,I) = E(I)**2 * REAL(YSHUNT(I,I))
                  FLUXO_REATIVO(I,I) = -E(I)**2 * AIMAG(YSHUNT(I,I))
C
              END IF
C
          END DO
C
      END DO
C
      DO I = 1,NUMERO_DE_BARRAS
C
          IF( TIPO_DA_BARRA(I).EQ.1 ) THEN
```

Sistemas Elétricos de Potência e seus Principais Componentes

```
C
            P_GERACAO(I) = P_CARGA(I)
C
            DO K = 1,NUMERO_DE_BARRAS
C
                P_GERACAO(I) = P_GERACAO(I) + FLUXO_ATIVO(I,K)
C
            END DO
C
        END IF
C
    END DO
C
    DO I = 1,NUMERO_DE_BARRAS
C
        IF( TIPO_DA_BARRA(I).NE.3 ) THEN
C
            Q_GERACAO(I) = Q_CARGA(I)
C
            DO K = 1,NUMERO_DE_BARRAS
C
                Q_GERACAO(I) = Q_GERACAO(I) + FLUXO_REATIVO(I,K)
C
            END DO
C
            TESTE_DE_LIMITE = Q_GERACAO(I)
            LIMITE_INFERIOR = Q_GER_MIN(I)
            LIMITE_SUPERIOR = Q_GER_MAX(I)
C
            IF( TESTE_DE_LIMITE.LT.LIMITE_INFERIOR .OR.
     *          TESTE_DE_LIMITE.GT.LIMITE_SUPERIOR ) THEN
C
                IF( .NOT.CONTROLE(I) ) THEN
C
                    TIPO(I) = 3
                    CONTROLE(I) = .TRUE.
                    NUMERO_DE_BARRAS_PQ = NUMERO_DE_BARRAS_PQ + 1
                    NUMERO_DE_BARRAS_PV = NUMERO_DE_BARRAS_PV - 1
C
                END IF
C
                IF( TESTE_DE_LIMITE.LT.LIMITE_INFERIOR ) THEN
                    Q_GERACAO(I) = Q_GER_MIN(I)
                    CONTROLE_REATIVO(I) = 'I'
                ELSE
                    Q_GERACAO(I) = Q_GER_MAX(I)
                    CONTROLE_REATIVO(I) = 'S'
                END IF
C
            ELSE
C
```

```fortran
                 IF( CONTROLE(I) ) THEN
C
                     TIPO(I) = 2
                     CONTROLE(I) = .FALSE.
                     E(I) = V(I)
                     CONTROLE_REATIVO(I) = ' '
                     NUMERO_DE_BARRAS_PQ = NUMERO_DE_BARRAS_PQ - 1
                     NUMERO_DE_BARRAS_PV = NUMERO_DE_BARRAS_PV + 1
C
                 END IF
C
             END IF
C
         END IF
C
      END DO
C
      CALL FORMA_JACOBIANO
C
      ERRO = .FALSE.
      I1 = 0
C
      DO I = 1,NUMERO_DE_BARRAS
C
         IF( TIPO(I).NE.1 ) THEN
C
             I1 = I1 + 1
             SOMATORIO = 0.
C
             DO K = 1,NUMERO_DE_BARRAS
C
                 SOMATORIO = SOMATORIO +
     *                    E(K)*(REAL(YBUS(I,K))*COS(ANG(I)-ANG(K)) +
     *                          AIMAG(YBUS(I,K))*SIN(ANG(I)-ANG(K)))
C
             END DO
C
             JACOBIANO(I1,DIMENSAO+1) = P_GERACAO(I) - P_CARGA(I) -
     *                              E(I) * SOMATORIO
C
             TESTE = ABS(JACOBIANO(I1,DIMENSAO+1))
C
             IF( TESTE.GT.TOLERANCIA ) ERRO = .TRUE.
C
         END IF
C
      END DO
C
      I1 = NUMERO_DE_BARRAS - 1
C
      DO I = 1,NUMERO_DE_BARRAS
```

Sistemas Elétricos de Potência e seus Principais Componentes

```
C
          IF( TIPO(I).EQ.3 ) THEN
C
              I1 = I1 + 1
              SOMATORIO = 0.
C
              DO K = 1,NUMERO_DE_BARRAS
C
                  SOMATORIO = SOMATORIO +
     *                         E(K)*(REAL(YBUS(I,K))*SIN(ANG(I)-ANG(K)) -
     *                         AIMAG(YBUS(I,K))*COS(ANG(I)-ANG(K)))
C
              END DO
C
              JACOBIANO(I1,DIMENSAO+1) = Q_GERACAO(I) - Q_CARGA(I) -
     *                         E(I) * SOMATORIO
C
              TESTE = ABS(JACOBIANO(I1,DIMENSAO+1))
C
              IF( TESTE.GT.TOLERANCIA ) ERRO = .TRUE.
C
          END IF
C
      END DO
C
      CALL IMPRIME_JACOBIANO
      CALL SOLUCAO_DE_SISTEMAS_LINEARES( JACOBIANO, SOLUCAO, DIMENSAO )
      CALL IMPRIME_SOLUCAO( SOLUCAO )
C
      I1 = 0
C
      DO I = 1,NUMERO_DE_BARRAS
C
          IF( TIPO(I).NE.1 ) THEN
C
              I1 = I1 + 1
              ANG(I) = ANG(I) + SOLUCAO(I1)
C
          END IF
C
      END DO
C
      I1 = NUMERO_DE_BARRAS - 1
C
      DO I = 1,NUMERO_DE_BARRAS
C
          IF( TIPO(I).EQ.3 ) THEN
C
              I1 = I1 + 1
              E(I) = E(I) * (1. + SOLUCAO(I1))
C
```

```
          END IF
C
       END DO
C
       IF( .NOT.ERRO ) THEN
C
          CARGA_ATIVA_TOTAL = 0.
          CARGA_REATIVA_TOTAL = 0.
          GERACAO_ATIVA_TOTAL = 0.
          GERACAO_REATIVA_TOTAL = 0.
C
          DO I = 1,NUMERO_DE_BARRAS
C
             IF( MOD(I-1,4).EQ.0 ) WRITE(IW,1200)
C
             CARGA_ATIVA_TOTAL = CARGA_ATIVA_TOTAL + P_CARGA(I) +
     *                      E(I)**2 * REAL(YSHUNT(I,I))
             CARGA_REATIVA_TOTAL = CARGA_REATIVA_TOTAL + Q_CARGA(I) -
     *                      E(I)**2 * AIMAG(YSHUNT(I,I))
             GERACAO_ATIVA_TOTAL = GERACAO_ATIVA_TOTAL + P_GERACAO(I)
             GERACAO_REATIVA_TOTAL = GERACAO_REATIVA_TOTAL +
     *                      Q_GERACAO(I)
             ANGULO = 180./PI * ANG(I)
C
             WRITE(IW,1300) NUMERO_DA_BARRA(I), E(I), ANGULO,
     *                   P_CARGA(I), Q_CARGA(I),
     *                   P_GERACAO(I), Q_GERACAO(I),
     *                   CONTROLE_REATIVO(I),
     *                   FLUXO_ATIVO(I,I), FLUXO_REATIVO(I,I)
C
             DO K = 1,NUMERO_DE_BARRAS
C
                IF( I.NE.K .AND. Y(I,K).NE.CMPLX(0.,0.) )
     *             WRITE(IW,1400) NUMERO_DA_BARRA(I),
     *                         NUMERO_DA_BARRA(K),
     *                         FLUXO_ATIVO(I,K),
     *                         FLUXO_REATIVO(I,K)
C
             END DO
C
          END DO
C
          PERDA_ATIVA = GERACAO_ATIVA_TOTAL - CARGA_ATIVA_TOTAL
          PERDA_REATIVA = GERACAO_REATIVA_TOTAL - CARGA_REATIVA_TOTAL
C
          WRITE(IW,1500) GERACAO_ATIVA_TOTAL, GERACAO_REATIVA_TOTAL,
     *                CARGA_ATIVA_TOTAL, CARGA_REATIVA_TOTAL,
     *                PERDA_ATIVA, PERDA_REATIVA,
     *                CONTADOR_DE_ITERACOES
C
       END IF
```

Sistemas Elétricos de Potência e seus Principais Componentes

```fortran
C
      IF( CONTADOR_DE_ITERACOES.LE.NUMERO_MAXIMO_DE_ITERACOES .AND.
     *    ERRO ) GO TO 40
      IF( ERRO ) WRITE(IW,1600) NUMERO_MAXIMO_DE_ITERACOES
C
      STOP'***** FIM DA EXECUCAO DO PROGRAMA *****'
C
C - FORMATOS
C
 1000 FORMAT(20(2(F8.4,1X)))
 1100 FORMAT(A)
 1200 FORMAT(//1X,29(1H-),' FLUXO DE POTENCIA ',29(1H-)//)
 1300 FORMAT(' BARRA ',I4,'  TENSAO ',F6.4,'  ANGULO ',F6.2,
     *       //' POTENCIA DA CARGA  POTENCIA GERADA',
     *       ' DESVIO P/TERRA       FLUXO NAS LINHAS'/
     *       '  ATIVA  REATIVA    ATIVA ',
     *       'REATIVA ATIVA  REATIVA  DE  PARA  ATIVA  REATIVA'//
     *       F8.4,1X,F8.4,2X,F8.4,F8.4,A1,F8.4,F8.4)
 1400 FORMAT(52X,I4,1X,I4,F8.4,F8.4/)
 1500 FORMAT(//'GERACAO ATIVA TOTAL ',F8.4/
     *         'GERACAO REATIVA TOTAL ',F8.4//
     *         'CARGA ATIVA TOTAL ',F8.4/
     *         'CARGA REATIVA TOTAL ',F8.4//
     *         'PERDA ATIVA TOTAL ',F8.4/
     *         'PERDA REATIVA TOTAL ',F8.4//
     *         'OBS.: VALORES EM P.U.'//
     *         '***** CONVERGIU EM ',I2,' ITERACOES *****')
 1600 FORMAT(///'***** NAO CONVERGIU EM ',I2,' ITERACOES *****')
 1700 FORMAT('Entre com o nome do arquivo de dados ',$)
 1800 FORMAT('Entre com o nome do arquivo de saida ',$)
C
      END
C
C - SUBROTINA SOLUCAO_DE_SISTEMAS_LINEARES
C
      SUBROUTINE SOLUCAO_DE_SISTEMAS_LINEARES( A, X, N )
C
      IMPLICIT NONE
C
      INCLUDE 'FLUXO.PAR'
      INCLUDE 'FLUXO.BLK'
C
      REAL*8 A(2*DIM,2*DIM+1), X(2*DIM), T, FATOR, SOMA, EPSLON
C
      INTEGER*4 N, IW, K, L, I, J
C
      LOGICAL*1 FLAG
C
      IW = 6
      EPSLON = 1.E-10
C
```

```fortran
      DO K = 1,N-1
C
         L = K
C
         DO I = K+1,N
C
            IF( ABS(A(I,K)).GT.ABS(A(L,K)) ) L = I
C
         END DO
C
         IF( L.NE.K ) THEN
C
            DO J = K,N+1
C
               T = A(K,J)
               A(K,J) = A(L,J)
               A(L,J) = T
C
            END DO
C
         END IF
C
         IF( ABS(A(K,K)).LT.EPSLON ) THEN
C
            WRITE(IW,1000)
            STOP
C
         END IF
C
         DO I = K+1,N
C
            IF( ABS(A(I,K)).GT.EPSLON ) THEN
C
               FATOR = - A(I,K)/A(K,K)
C
               DO J = K+1,N+1
C
                  A(I,J) = A(I,J) + FATOR * A(K,J)
C
               END DO
C
            END IF
C
         END DO
C
      END DO
C
      X(N) = A(N,N+1)/A(N,N)
C
      DO I = N-1,1,-1
C
```

```fortran
            SOMA = 0.
C
            DO J = I+1,N
C
               SOMA = SOMA + A(I,J) * X(J)
C
            END DO
C
            X(I) = (A(I,N+1) - SOMA)/A(I,I)
C
         END DO
C
         FLAG = .FALSE.
         DO I = 1,NUMERO_DE_BARRAS
            IF( CONTROLE(I) ) FLAG = .TRUE.
         END DO
C
         IF( FLAG ) THEN
            DO I = 1,N
               X(I) = X(I)*0.5
            END DO
         END IF
C
         RETURN
C
C — FORMATO
C
 1000 FORMAT(//,5X,'***** SISTEMA INDETERMINADO *****')
C
         END
C
C — SUBROTINA FORMA_JACOBIANO
C
         SUBROUTINE FORMA_JACOBIANO
C
         IMPLICIT NONE
C
         INCLUDE 'FLUXO.PAR'
         INCLUDE 'FLUXO.BLK'
C
         REAL*8 HIK, NIK, HII, NII, JII, LII
C
         INTEGER*4 I, K, I1, K1
C
         HIK(I,K) = E(I)*E(K)*(REAL(YBUS(I,K))*SIN(ANG(I)-ANG(K)) -
     *                         AIMAG(YBUS(I,K))*COS(ANG(I)-ANG(K)))
C
         NIK(I,K) = E(I)*E(K)*(REAL(YBUS(I,K))*COS(ANG(I)-ANG(K)) +
     *                         AIMAG(YBUS(I,K))*SIN(ANG(I)-ANG(K)))
C
         HII(I) = - E(I)**2 * AIMAG(YBUS(I,I)) - (Q_GERACAO(I)-Q_CARGA(I))
```

```fortran
C
      NII(I) = E(I)**2 * REAL(YBUS(I,I)) + (P_GERACAO(I)-P_CARGA(I))
C
      JII(I) = - E(I)**2 * REAL(YBUS(I,I)) + (P_GERACAO(I)-P_CARGA(I))
C
      LII(I) = - E(I)**2 * AIMAG(YBUS(I,I)) + (Q_GERACAO(I)-Q_CARGA(I))
C
      DIMENSAO = 2 * NUMERO_DE_BARRAS_PQ + NUMERO_DE_BARRAS_PV
C
C - FORMACAO DA SUBMATRIZ [H]
C
      I1 = 0
C
      DO I = 1,NUMERO_DE_BARRAS
C
         IF( TIPO(I).NE.1 ) THEN
C
            I1 = I1 + 1
            K1 = 0
C
            DO K = 1,NUMERO_DE_BARRAS
C
               IF( TIPO(K).NE.1 ) THEN
C
                  K1 = K1 + 1
C
                  IF( I.NE.K ) THEN
                     JACOBIANO(I1,K1) = HIK(I,K)
                  ELSE
                     JACOBIANO(I1,K1) = HII(I)
                  END IF
C
               END IF
C
            END DO
C
         END IF
C
      END DO
C
C - FORMACAO DA SUBMATRIZ [N]
C
      I1 = 0
C
      DO I = 1,NUMERO_DE_BARRAS
C
         IF( TIPO(I).NE.1 ) THEN
C
            K1 = NUMERO_DE_BARRAS - 1
C
            I1 = I1 + 1
```

180 | Sistemas Elétricos de Potência e seus Principais Componentes

```fortran
C
            DO K = 1,NUMERO_DE_BARRAS
C
              IF( TIPO(K).EQ.3 ) THEN
C
                K1 = K1 + 1
C
                IF( I.NE.K ) THEN
                    JACOBIANO(I1,K1) = NIK(I,K)
                ELSE
                    JACOBIANO(I1,K1) = NII(I)
                END IF
C
              END IF
C
            END DO
C
        END IF
C
      END DO
C
C - FORMACAO DA SUBMATRIZ [J]
C
      I1 = NUMERO_DE_BARRAS - 1
C
      DO I = 1,NUMERO_DE_BARRAS
C
        IF( TIPO(I).EQ.3 ) THEN
C
          I1 = I1 + 1
          K1 = 0
C
          DO K = 1,NUMERO_DE_BARRAS
C
            IF( TIPO(K).NE.1 ) THEN
C
              K1 = K1 + 1
C
              IF( I.NE.K ) THEN
                  JACOBIANO(I1,K1) = - NIK(I,K)
              ELSE
                  JACOBIANO(I1,K1) = JII(I)
              END IF
C
            END IF
C
          END DO
C
        END IF
C
      END DO
```

```fortran
C
C - FORMACAO DA SUBMATRIZ [L]
C
      I1 = NUMERO_DE_BARRAS - 1
C
      DO I = 1,NUMERO_DE_BARRAS
C
         IF( TIPO(I).EQ.3 ) THEN
C
             I1 = I1 + 1
             K1 = NUMERO_DE_BARRAS - 1
C
             DO K = 1,NUMERO_DE_BARRAS
C
                IF( TIPO(K).EQ.3 ) THEN
C
                   K1 = K1 + 1
C
                   IF( I.NE.K ) THEN
                      JACOBIANO(I1,K1) = HIK(I,K)
                   ELSE
                      JACOBIANO(I1,K1) = LII(I)
                   END IF
C
                END IF
C
             END DO
C
         END IF
C
      END DO
C
      RETURN
C
      END
C
C - SUBROTINA IMPRIME_JACOBIANO
C
      SUBROUTINE IMPRIME_JACOBIANO
C
      IMPLICIT NONE
C
      INCLUDE 'FLUXO.PAR'
      INCLUDE 'FLUXO.BLK'
C
      INTEGER*4 IW, I, J
C
      IW = 6
C
      DO I = 1,DIMENSAO
C
```

182 | Sistemas Elétricos de Potência e seus Principais Componentes

```fortran
           WRITE(IW,1000)  (JACOBIANO(I,J),J=1,DIMENSAO+1)
C
      END DO
C
C - FORMATO
C
 1000 FORMAT(1X,50(F8.4))
C
      RETURN
C
      END
C
C - SUBROTINA IMPRIME_SOLUCAO
C
      SUBROUTINE IMPRIME_SOLUCAO( SOLUCAO )
C
      IMPLICIT NONE
C
      INCLUDE 'FLUXO.PAR'
      INCLUDE 'FLUXO.BLK'
C
      REAL*8 SOLUCAO(1)
C
      INTEGER*4 IW, I
C
      IW = 6
C
      WRITE(IW,1000) CONTADOR_DE_ITERACOES
C
      DO I = 1,DIMENSAO
C
          WRITE(IW,1100) I, SOLUCAO(I)
C
      END DO
C
      RETURN
C
C - FORMATO
C
 1000 FORMAT(' ITERACAO = ',I2)
 1100 FORMAT(' SOLUCAO(',I2,') = ',F8.4)
C
      END
```

Arquivo FLUXO.PAR

```fortran
      INTEGER*4 DIM, NUMERO_MAXIMO_DE_ITERACOES
      REAL*8 PI, TOLERANCIA
      PARAMETER (NUMERO_MAXIMO_DE_ITERACOES = 90, TOLERANCIA = 1.0E-4)
      PARAMETER (DIM = 50, PI = 3.141593)
```

Anexos | 183

Arquivo FLUXO.BLK

```
        COMPLEX*16 YBUS(DIM,DIM)
C
        REAL*8 JACOBIANO(2*DIM,2*DIM+1), E(DIM), ANG(DIM),
     *         P_GERACAO(DIM), Q_GERACAO(DIM), P_CARGA(DIM), Q_CARGA(DIM)
C
        INTEGER*4 TIPO(DIM), NUMERO_DE_BARRAS, NUMERO_DE_BARRAS_PV,
     *             NUMERO_DE_BARRAS_PQ, DIMENSAO, CONTADOR_DE_ITERACOES
C
        LOGICAL*1 CONTROLE(DIM), ERRO
C
        COMMON YBUS, JACOBIANO, E, ANG, P_GERACAO, Q_GERACAO, P_CARGA,
     *         Q_CARGA, TIPO, NUMERO_DE_BARRAS, NUMERO_DE_BARRAS_PV,
     *         NUMERO_DE_BARRAS_PQ, DIMENSAO, CONTADOR_DE_ITERACOES,
     *         CONTROLE, ERRO
```

Arquivo FLUXO.DAT

```
10,1,,,,,,,,1.05
20,3,3,1.5,,,,,,0.4
30,3,2,1,,,,,,0.3
40,2,,,2,,-1.5,1.5,,,1.03
0
10,20,0.01,0.1,0.1
10,30,0.02,0.15,0.2
20,40,0.015,0.12,0.18
30,40,0.025,0.18,0.15
0
```

Arquivo FLUXO.OUT

```
————————————————————————————— FLUXO DE POTENCIA —————————————————————————————


BARRA   10   TENSAO 1.0500   ANGULO    0.00

POTENCIA DA CARGA  POTENCIA GERADA  DESVIO P/TERRA      FLUXO NAS LINHAS
   ATIVA  REATIVA    ATIVA  REATIVA  ATIVA  REATIVA   DE   PARA  ATIVA
REATIVA

  0.0000   0.0000   3.1197  1.4455   0.0000 -0.0000
                                                       10    20  1.8653
0.9610
```

```
                                                    10    30  1.2544
0.4846

 BARRA    20   TENSAO 0.9504   ANGULO -10.18

 POTENCIA DA CARGA  POTENCIA GERADA  DESVIO P/TERRA      FLUXO NAS LINHAS
    ATIVA   REATIVA    ATIVA  REATIVA  ATIVA  REATIVA    DE   PARA  ATIVA
 REATIVA

   3.0000   1.5000    0.0000  0.0000   0.0000 -0.3613
                                                    20    10 -1.8244 -
0.6520

                                                    20    40 -1.1756 -
0.4867

 BARRA    30   TENSAO 0.9560   ANGULO -10.11

 POTENCIA DA CARGA  POTENCIA GERADA  DESVIO P/TERRA      FLUXO NAS LINHAS
    ATIVA   REATIVA    ATIVA  REATIVA  ATIVA  REATIVA    DE   PARA  ATIVA
 REATIVA

   2.0000   1.0000    0.0000  0.0000   0.0000 -0.2742
                                                    30    10 -1.2195 -
0.4240

                                                    30    40 -0.7805 -
0.3018

 BARRA    40   TENSAO 1.0300   ANGULO  -2.25

 POTENCIA DA CARGA  POTENCIA GERADA  DESVIO P/TERRA      FLUXO NAS LINHAS
    ATIVA   REATIVA    ATIVA  REATIVA  ATIVA  REATIVA    DE   PARA  ATIVA
 REATIVA

   0.0000   0.0000    2.0000  0.7997   0.0000 -0.0000
                                                    40    20  1.2013
0.5153

                                                    40    30  0.7987
0.2844


 GERACAO ATIVA TOTAL    5.1197
 GERACAO REATIVA TOTAL    2.2453

 CARGA ATIVA TOTAL   5.0000
 CARGA REATIVA TOTAL    1.8645

 PERDA ATIVA TOTAL    0.1197
 PERDA REATIVA TOTAL    0.3808
```

OBS.: VALORES EM P.U.

***** CONVERGIU EM 4 ITERACOES *****

A.2 – Código para o Cálculo do Campo Elétrico

```
clear all;
close all;
%
% posição dos condutores (m)
%
x = [-4.4 -3.8 -3.2 -4.0 -4.3 -4.0 -4.3 -4.0 -4.3 -5.7  4.4  3.8  3.2  4.0
4.3  4.0  4.3  4.0  4.3  5.7];
y = [15.7 20.3 24.9 30.5 30.5 37.7 37.7 44.9 44.9 51.9 15.7 20.3 24.9 30.5
30.5 37.7 37.7 44.9 44.9 51.9];
%
% raio dos condutores (m)
%
r = [0.0148 0.0148 0.0148 0.0191 0.0191 0.0191 0.0191 0.0191 0.0191
0.00715 0.0148 0.0148 0.0148 0.0191 0.0191 0.0191 0.0191 0.0191 0.0191
0.00715];
nc = size(r,2);
%
% tensão dos condutores (kV RMS fase-neutro)
%
a = -0.5 + sqrt(3)/2j;
V1 = 138.0/sqrt(3);
V2 = 345.0/sqrt(3);
%
% Configuração 1
%
V = [V1*a; V1*a^2; V1; V2*a; V2*a; V2*a^2; V2*a^2; V2; V2; 0; V1*a;
V1*a^2; V1; V2*a; V2*a; V2*a^2; V2*a^2; V2; V2; 0];
%
% Configuração 2
%
%V = [V1; V1*a^2; V1*a; V2*a^2; V2*a^2; V2; V2; V2*a; V2*a; 0; V1*a;
V1*a^2; V1; V2; V2; V2*a; V2*a; V2*a^2; V2*a^2; 0];
d0 = 10^10;
%d0 = 10;
d1 = 10;
for i = 1:nc
    y(nc+i) = y(i);
    x(nc+i) = 2*d0 - x(i);
    V(nc+i) = -V(i);
    r(nc+i) = r(i);
end
nc = 2*nc;
```

Sistemas Elétricos de Potência e seus Principais Componentes

```
%
% Cálculo dos coeficientes de potencial de Maxwell
P = zeros(nc,nc);
epslon = 8.8541878176e-12; % F/m
for i = 1:nc
    for k = 1:nc
        if i == k
            P(i,i) = log(2*y(i)/r(i))/(2*pi*epslon);
        else
            P(i,k) = log(sqrt((x(i)-x(k))^2+(y(i)+y(k))^2)/...
                            sqrt((x(i)-x(k))^2+(y(i)-y(k))^2))/
(2*pi*epslon);
        end
    end
end
%
% Cálculo da carga elétrica em cada condutor
%
Q = P\V;
%
% Cálculo do Campo Elétrico no ponto de observação
%
xmin = -40;
%xmax = d1;
xmax = 40;
ymin = 0;
ymax = 70;
%dx = 0.01;
%dy = 0.01;
dx = 1;
dy = 1;
nx = round((xmax-xmin)/dx) + 1;
ny = round((ymax-ymin)/dy) + 1;
abc = zeros(nx);
ord = zeros(ny);
GradP = zeros(nx,ny);
Vpot = zeros(nx,ny);
xx = zeros(nx,ny);
yy = zeros(nx,ny);
for l = 1:ny
    py = ymin + (l-1)*dy;
    ord(l) = py;
    for k = 1:nx
        px = xmin + (k-1)*dx;
        abc(k) = px;
        Ex = 0;
        Ey = 0;
        Vp = 0;
        for i = 1:nc
            Ex = Ex + Q(i)*(px-x(i))/((x(i)-px)^2+(y(i)-py)^2);
            Ex = Ex - Q(i)*(px-x(i))/((x(i)-px)^2+(y(i)+py)^2);
```

```
                  Ey = Ey + Q(i)*(py-y(i))/((x(i)-px)^2+(y(i)-py)^2);
                  Ey = Ey - Q(i)*(py+y(i))/((x(i)-px)^2+(y(i)+py)^2);
                  Vp = Vp + Q(i)*log(sqrt((x(i)-px)^2+(y(i)-py)^2)/y(i));
                  Vp = Vp - Q(i)*log(sqrt((x(i)-px)^2+(y(i)+py)^2)/y(i));
              end
              Ex = Ex/(2*pi*epslon);
              Ey = Ey/(2*pi*epslon);
              Vp = Vp/(2*pi*epslon);
              GradP(k,l) = sqrt(abs(Ex)^2+abs(Ey)^2);
              Vpot(k,l) = abs(Vp);
              xx(k,l) = px;
              yy(k,l) = py;
        end
end
Ep = [100 50 20 15 10 5 2 1];
Ev = [150 75 20 15 10 5 2 1];
np = size(Ep,2);
%
gradx = zeros(nx);
figure(1)
for i = 1:nx
    gradx(i) = GradP(i,1);
end
plot(abc,gradx,'b-','LineWidth',1.5)
xlabel('Abscissa (m)','FontName','Times','FontSize',12);
ylabel('Campo Elétrico (kV/m RMS)','FontName','Times','FontSize',12);
title('Campo Elétrico no solo','FontName','Times','FontSize',12);
grid
%
potx = zeros(nx);
figure(2)
for i = 1:nx
    potx(i) = Vpot(i,1);
end
plot(abc,potx,'LineWidth',1.5)
xlabel('Abscissa (m)','FontName','Times','FontSize',12);
ylabel('Potencial (kV RMS)','FontName','Times','FontSize',12);
title('Potencial no solo','FontName','Times','FontSize',12);
grid
%
k = round((d1-xmin)/dx) + 1;
grady = zeros(ny);
if k <= nx
    figure(3)
    for i = 1:ny
        grady(i) = GradP(k,i);
    end
    plot(ord,grady,'color',[0 0 1],'LineWidth',1.5)
    xlabel('Ordenada (m)','Fontname','Times','Fontsize',12 );
    ylabel('Campo Elétrico (kV/m RMS)','Fontname','Times','Fontsize',12
);
```

188 | Sistemas Elétricos de Potência e seus Principais Componentes

```
                title('Campo     Elétrico    na    parede    do
prédio','Fontname','Times','Fontsize',12 );
%    grid
    hold on;
%    axis([-20 20 0 100])
end
%
if k <= nx
    figure(4)
    poty = zeros(ny);
    for i = 1:ny
        poty(i) = Vpot(k,i);
    end
    plot(ord,poty,'color',[0 0 1],'LineWidth',1.5)
    xlabel('Ordenada (m)','Fontname','Times','Fontsize',12 );
    ylabel('Potencial (kV RMS)','Fontname','Times','Fontsize',12 );
   title('Potencial na parede do prédio','Fontname','Times','Fontsize',12
);
%    grid
    hold on;
%    axis([-20 20 0 100])
end
%
l = 0;
figure(5)
hold on
for m = 1:np
    for k = 1:ny
        for i = 1:nx-1
                if  (GradP(i,k)<Ep(m)  &&  GradP(i+1,k)>Ep(m))  ||
(GradP(i,k)>Ep(m)  && GradP(i+1,k)<Ep(m))
            l = l + 1;
                xp(l) = abc(i) + (abc(i+1)-abc(i))/(GradP(i+1,k)-
GradP(i,k))*(Ep(m)-GradP(i,k));
                yp(l) = ord(k);
            end
        end
    end
    if m == 1
        plot(xp,yp,'.','color',[0.2 0 0],'MarkerSize',2)
    end
    if m == 2
        plot(xp,yp,'.','color',[0.5 0 0],'MarkerSize',2)
    end
    if m == 3
        plot(xp,yp,'.','color',[1 0 0],'MarkerSize',2)
    end
    if m == 4
        plot(xp,yp,'.','color',[0 0 0.2],'MarkerSize',2)
    end
    if m == 5
```

```matlab
        plot(xp,yp,'.','color',[0 0 0.5],'MarkerSize',2)
    end
    if m == 6
        plot(xp,yp,'.','color',[0 0 1],'MarkerSize',2)
    end
    if m == 7
        plot(xp,yp,'.','color',[0 0.5 0],'MarkerSize',2)
    end
    if m == 8
        plot(xp,yp,'.','color',[0 1 0],'MarkerSize',2)
    end
    xlabel('Abscissa  (m)','FontName','Times','FontSize',12);
    ylabel('Ordenada  (m)','FontName','Times','FontSize',12);
    title ('Linhas, de Campo Elétrico (kV/m RMS)','FontName','Times',
'FontSize',12);
    clear xp
    clear yp
end
for m = 1:np
    for i = 1:nx
        for k = 1:ny-1
            if (GradP(i,k)<Ep(m) && GradP(i,k+1)>Ep(m)) ||
(GradP(i,k)>Ep(m) && GradP(i,k+1)<Ep(m))
                l = l + 1;
                xp(l) = abc(i);
                yp(l) = ord(k)+(ord(k+1)-ord(k))/(GradP(i,k+1)-
GradP(i,k))*(Ep(m)-GradP(i,k));
            end
        end
    end
    if m == 1
        plot(xp,yp,'.','color',[0.2 0 0],'MarkerSize',2)
    end
    if m == 2
        plot(xp,yp,'.','color',[0.5 0 0],'MarkerSize',2)
    end
    if m == 3
        plot(xp,yp,'.','color',[1 0 0],'MarkerSize',2)
    end
    if m == 4
        plot(xp,yp,'.','color',[0 0 0.2],'MarkerSize',2)
    end
    if m == 5
        plot(xp,yp,'.','color',[0 0 0.5],'MarkerSize',2)
    end
    if m == 6
        plot(xp,yp,'.','color',[0 0 1],'MarkerSize',2)
    end
    if m == 7
        plot(xp,yp,'.','color',[0 0.5 0],'MarkerSize',2)
```

190 | Sistemas Elétricos de Potência e seus Principais Componentes

```
    end
    if m == 8
        plot(xp,yp,'.','color',[0 1 0],'MarkerSize',2)
    end
      xlabel('Abscissa  (m)','FontName','Times','FontSize',12);
      ylabel('Ordenada  (m)','FontName','Times','FontSize',12);
      title('Linhas de Campo Elétrico (kV/m RMS)','FontName','Times',
'FontSize',12);
    clear xp
    clear yp
end
for i = 1:nc
    plot(x,y,'x','color',[0 0 0])
end
axis([xmin xmax ymin ymax])
box
%
l = 0;
figure(6)
hold on;
for m = 1:np
    for k = 1:ny
        for i = 1:nx-1
            if (Vpot(i,k)<Ev(m) && Vpot(i+1,k)>Ev(m)) ||
(Vpot(i,k)>Ev(m) && Vpot(i+1,k)<Ev(m))
                l = l + 1;
                xp(l) = abc(i) + (abc(i+1)-abc(i))/(Vpot(i+1,k)-
Vpot(i,k))*(Ev(m)-Vpot(i,k));
                yp(l) = ord(k);
            end
        end
    end
    if m == 1
        plot(xp,yp,'.','color',[0.2 0 0],'MarkerSize',2)
    end
    if m == 2
        plot(xp,yp,'.','color',[0.5 0 0],'MarkerSize',2)
    end
    if m == 3
        plot(xp,yp,'.','color',[1 0 0],'MarkerSize',2)
    end
    if m == 4
        plot(xp,yp,'.','color',[0 0 0.2],'MarkerSize',2)
    end
    if m == 5
        plot(xp,yp,'.','color',[0 0 0.5],'MarkerSize',2)
    end
    if m == 6
        plot(xp,yp,'.','color',[0 0 1],'MarkerSize',2)
    end
    if m == 7
```

```matlab
            plot(xp,yp,'.','color',[0 0.5 0],'MarkerSize',2)
    end
    if m == 8
        plot(xp,yp,'.','color',[0 1 0],'MarkerSize',2)
    end
    clear xp
    clear yp
end
for m = 1:np
    for i = 1:nx
        for k = 1:ny-1
            if (Vpot(i,k)<Ev(m) && Vpot(i,k+1)>Ev(m)) || (Vpot(i,k)>Ev(m)
&& Vpot(i,k+1)<Ev(m))
                l = l + 1;
                xp(l) = abc(i);
                yp(l) = ord(k) + (ord(k+1)-ord(k))/(Vpot(i,k+1)-
Vpot(i,k))*(Ev(m)-Vpot(i,k));
            end
        end
    end
    if m == 1
        plot(xp,yp,'.','color',[0.2 0 0],'MarkerSize',2)
    end
    if m == 2
        plot(xp,yp,'.','color',[0.5 0 0],'MarkerSize',2)
    end
    if m == 3
        plot(xp,yp,'.','color',[1 0 0],'MarkerSize',2)
    end
    if m == 4
        plot(xp,yp,'.','color',[0 0 0.2],'MarkerSize',2)
    end
    if m == 5
        plot(xp,yp,'.','color',[0 0 0.5],'MarkerSize',2)
    end
    if m == 6
        plot(xp,yp,'.','color',[0 0 1],'MarkerSize',2)
    end
    if m == 7
        plot(xp,yp,'.','color',[0 0.5 0],'MarkerSize',2)
    end
    if m == 8
        plot(xp,yp,'.','color',[0 1 0],'MarkerSize',2)
    end
    xlabel('Abscissa (m)','FontName','Times','FontSize',12);
    ylabel('Ordenada (m)','FontName','Times','FontSize',12);
  title('Linhas de Potencial (kV RMS)','FontName','Times','FontSize',12);
    clear xp
    clear yp
end
for i = 1:nc
```

Sistemas Elétricos de Potência e seus Principais Componentes

```
    plot(x,y,'x','color',[0 0 0])
end
axis([xmin xmax ymin ymax])
box
hold off;
figure(7)
mesh(xx,yy,GradP)
xlabel('Abscissa  (m)','FontName','Times','FontSize',12);
ylabel('Ordenada  (m)','FontName','Times','FontSize',12);
zlabel('Campo Elétrico (kV/m RMS)','FontName','Times','FontSize',12);
title('Superfície de Campo Elétrico','FontName','Times','FontSize',12);
axis([xmin xmax ymin ymax 0 30])
rotate3d
figure(8)
mesh(xx,yy,Vpot)
xlabel('Abscissa  (m)','FontName','Times','FontSize',12);
ylabel('Ordenada  (m)','FontName','Times','FontSize',12);
zlabel('Potencial  (kV RMS)','FontName','Times','FontSize',12);
title('Superfície de Potencial','FontName','Times','FontSize',12);
axis([xmin xmax ymin ymax 0 100])
rotate3d
```

A.3 – Código para o Cálculo do Campo Magnético

```
clear all;
close all;
%
% posição dos condutores
%
x = [-4.4 -3.8 -3.2 -4.0 -4.3 -4.0 -4.3 -4.0 -4.3 -5.7  4.4  3.8  3.2  4.0
4.3  4.0  4.3  4.0  4.3  5.7];
y = [15.7 20.3 24.9 30.5 30.5 37.7 37.7 44.9 44.9 51.9 15.7 20.3 24.9 30.5
30.5 37.7 37.7 44.9 44.9 51.9];
nc = size(x,2);
%
% tensão dos condutores
%
a = -0.5 + sqrt(3)/2j;
V1 = 138.0/sqrt(3); % kV rms
V2 = 345.0/sqrt(3); % kV rms
%
% Configuração 1
%
V = [V1*a; V1*a^2; V1; V2*a; V2*a; V2*a^2; V2*a^2; V2; V2; 0; V1*a;
V1*a^2; V1; V2*a; V2*a; V2*a^2; V2*a^2; V2; V2; 0];
%
% Configuração 2
%
```

```
%V = [V1; V1*a^2; V1*a; V2*a^2; V2*a^2; V2; V2; V2*a; V2*a; 0; V1*a;
V1*a^2; V1; V2; V2; V2*a; V2*a; V2*a^2; V2*a^2; 0];


%
% Potência nos circuitos
%
P1 = 300.0; % MW
Q1 = 100.0; % Mvar
P2 = 800.0; % MW
Q2 = 300.0; % Mvar
P = [P1; P1; P1; P2/2; P2/2; P2/2; P2/2; P2/2; P2/2; 0; P1; P1; P1; P2/
2; P2/2; P2/2; P2/2; P2/2; P2/2; 0];
Q = [Q1; Q1; Q1; Q2/2; Q2/2; Q2/2; Q2/2; Q2/2; Q2/2; 0; Q1; Q1; Q1; Q2/
2; Q2/2; Q2/2; Q2/2; Q2/2; Q2/2; 0];
I = zeros(nc);
for i = 1:nc
    if abs(V(i)) > 0
        I(i) = conj((P(i) + 1j*Q(i))*1000/3/V(i));
    else
        I(i) = 0;
    end
end
%
xmin = -40;
xmax = 40;
ymin = 0;
ymax = 70;
%dx = 0.01;
%dy = 0.01;
dx = 1;
dy = 1;
nx = round((xmax-xmin)/dx) + 1;
ny = round((ymax-ymin)/dy) + 1;
abc = zeros(nx);
ord = zeros(ny);
H = zeros(nx,ny);
xx = zeros(nx,ny);
yy = zeros(nx,ny);
for l = 1:ny
    py = ymin + (l-1)*dy;
    ord(l) = py;
    for k = 1:nx
        px = xmin + (k-1)*dx;
        abc(k) = px;
        Hpx = 0;
        Hpy = 0;
        for i = 1:nc
            Hpx = Hpx - I(i)*(y(i)-py)/(2*pi*((x(i)-px)^2+(y(i)-py)^2));
            Hpy = Hpy + I(i)*(x(i)-px)/(2*pi*((x(i)-px)^2+(y(i)-py)^2));
        end
        H(k,l) = sqrt(abs(Hpx)^2+abs(Hpy)^2);
```

194 | Sistemas Elétricos de Potência e seus Principais Componentes

```
            xx(k,l) = px;
            yy(k,l) = py;
        end
end
Nh = [300 200 100 50 30 20 10 5];
np = size(Nh,2);
%
Hx = zeros(nx);
figure
for i = 1:nx
    Hx(i) = H(i,1);
end
plot(abc,Hx,'LineWidth',1.5)
grid
xlabel('Abscissa (m)','FontName','Times','FontSize',12);
ylabel('Campo Magnético (A/m RMS)','FontName','Times','FontSize',12);
title('Campo Magnético no solo','FontName','Times','FontSize',12);
%axis([xmin xmax 0 12])
%
l = 0;
figure
hold on;
for m = 1:np
    for k = 1:ny
        for i = 1:nx-1
            if (H(i,k)<Nh(m) && H(i+1,k)>Nh(m)) || (H(i,k)>Nh(m) &&
H(i+1,k)<Nh(m))
                l = l + 1;
                xp(l) = abc(i) + (abc(i+1)-abc(i))/(H(i+1,k)-
H(i,k))*(Nh(m)-H(i,k));
                yp(l) = ord(k);
            end
        end
    end
    if m == 1
        plot(xp,yp,'.','color',[0.2 0 0],'MarkerSize',2)
    end
    if m == 2
        plot(xp,yp,'.','color',[0.5 0 0],'MarkerSize',2)
    end
    if m == 3
        plot(xp,yp,'.','color',[1 0 0],'MarkerSize',2)
    end
    if m == 4
        plot(xp,yp,'.','color',[0 0 0.2],'MarkerSize',2)
    end
    if m == 5
        plot(xp,yp,'.','color',[0 0 0.5],'MarkerSize',2)
    end
    if m == 6
        plot(xp,yp,'.','color',[0 0 1],'MarkerSize',2)
```

```
        end
        if m == 7
            plot(xp,yp,'.','color',[0 0.5 0],'MarkerSize',2)
        end
        if m == 8
            plot(xp,yp,'.','color',[0 1 0],'MarkerSize',2)
        end
        clear xp
        clear yp
end
for m = 1:np
    for i = 1:nx
        for k = 1:ny-1
                if (H(i,k)<Nh(m) && H(i,k+1)>Nh(m)) || (H(i,k)>Nh(m)
&& H(i,k+1)<Nh(m))
                    l = l + 1;
                    xp(l) = abc(i);
                    yp(l) = ord(k) + (ord(k+1)-ord(k))/(H(i,k+1)-
H(i,k))*(Nh(m)-H(i,k));
            end
        end
    end
    if m == 1
        plot(xp,yp,'.','color',[0.2 0 0],'MarkerSize',2)
    end
    if m == 2
        plot(xp,yp,'.','color',[0.5 0 0],'MarkerSize',2)
    end
    if m == 3
        plot(xp,yp,'.','color',[1 0 0],'MarkerSize',2)
    end
    if m == 4
        plot(xp,yp,'.','color',[0 0 0.2],'MarkerSize',2)
    end
    if m == 5
        plot(xp,yp,'.','color',[0 0 0.5],'MarkerSize',2)
    end
    if m == 6
        plot(xp,yp,'.','color',[0 0 1],'MarkerSize',2)
    end
    if m == 7
        plot(xp,yp,'.','color',[0 0.5 0],'MarkerSize',2)
    end
    if m == 8
        plot(xp,yp,'.','color',[0 1 0],'MarkerSize',2)
    end
    xlabel('Abscissa (m)','FontName','Times','FontSize',12);
    ylabel('Ordenada (m)','FontName','Times','FontSize',12);
    title('Campo Magnético (A/m RMS)','FontName','Times','FontSize',12);
    clear xp
    clear yp
```

196 | Sistemas Elétricos de Potência e seus Principais Componentes

```
end
for i = 1:nc
    plot(x,y,'x','color',[0 0 0])
end
axis([xmin xmax ymin ymax])
box
hold off;
figure
h = mesh(xx,yy,H);
xlabel('Abscissa  (m)','FontName','Times','FontSize',12);
ylabel('Ordenada  (m)','FontName','Times','FontSize',12);
zlabel('Campo Magnético  (A/m RMS)','FontName','Times','FontSize',12);
title('Superfície de Campo Magnético','FontName','Times','FontSize',12)
axis([xmin xmax ymin ymax 0 100])
rotate3d
```

A.4 – Código para o Cálculo dos Fatores de Correção

Arquivo fatores.m

```
clear all
close all

mrmax = 2;
%mrmax = 10;
incmr = 0.1;

for kk = 1:mrmax/incmr

  mr = incmr*kk;
  m(kk) = mr;

% cálculo de ber(mr)

  mx = 1;
  ii = -2;
  ber = 1;
  [ber] = bessel(ii,mx,mr,ber,0);

% cálculo de bei(mr)

  mx = mr^2/4;
  ii = 0;
  bei = mx;
  [bei] = bessel(ii,mx,mr,bei,0);

% cálculo de ber'(mr)

  mx = 1/mr;
```

Anexos | 197

```matlab
    ii = -2;
    berl = 0;
    [berl] = bessel(ii,mx,mr,berl,1);

% cálculo de bei'(mr)

    mx = mr/4;
    ii = 0;
    beil = mr/2;
    [beil] = bessel(ii,mx,mr,beil,1);

    FAT = 1/(beil^2+berl^2);

% cálculo do fator de correção da resistência devido à frequência

    fatr(kk) = mr/2*(ber*beil-bei*berl)*FAT;

% cálculo do fator de correção da indutância devido à frequência

    fatl(kk) = 4/mr*(bei*beil+ber*berl)*FAT;

end

figure
plot( m, fatr, 'b-', 'LineWidth', 1.5 );
%axis([ 0 mrmax 1 1.08 ])
grid on;

title( 'Fator de correção da
resistência','FontName','Times','FontSize',12); %
xlabel( 'mr','FontName','Times','FontSize',12 )
ylabel( 'R/Ro','FontName','Times','FontSize',12 );

figure
plot( m, fatl,'b-', 'LineWidth', 1.5 );
%axis([ 0 mrmax 0.96 1 ])
grid on;

title( 'Fator de correção da indutância
interna','FontName','Times','FontSize',12); %
xlabel( 'mr','FontName','Times','FontSize',12)
ylabel( 'Li/Lio','FontName','Times','FontSize',12);


Arquivo bessel.m

function [x] = bessel(i,mx,mr,x,d)

    xold = -1;
    k = 1;
    while ( x ~= xold )
        i = i + 4;
```

Sistemas Elétricos de Potência e seus Principais Componentes

```
        j = i + 2;
        mx = -mx*mr/i*mr/i*mr/j*mr/j;
        xold = x;
        if d == 1
            k = j;
        end
        x = x + k*mx;
    end

end
```

Acionamento, Comando e Controle de Máquinas Elétricas

Autor: Richard M. Stephan

240 páginas
1ª edição - 2013
Formato: 21 x 28
ISBN: 978-85-399-0354-2

O homem moderno não precisa desempenhar tarefas que exigem força. Levantamento de peso, por exemplo, tornou-se esporte. O esforço braçal encontra-se delegado às máquinas, dentre as quais, as movidas por eletricidade ocupam espaço significativo. Este livro objetiva apresentar as soluções técnicas disponíveis para a escolha dos motores elétricos, seus circuitos de acionamento, comando e controle, como uma totalidade organizada e de forma concisa. Conhecimentos de mecânica, eletrônica de potência, máquinas elétricas, circuitos, microeletrônica, controle, simulação digital são integrados, formando um quadro harmonioso e complementar. A teoria encontra-se intencionalmente apresentada de forma resumida, deixando-se parte do conhecimento como desafios lançados em uma série de exercícios resolvidos.

À venda nas melhores livrarias.

Impressão e Acabamento
Gráfica Editora Ciência Moderna Ltda.
Tel.: (21) 2201-6662